Ejercicios de Física 4:

Calorimetría y Termodinámica

© 2021 Gregorio Chenlo (@arquiteutis)

Gregorio Chenlo Romero (gregochenlo.blogspot.com)

Notas (v1):

Ejercicios de Física: 4 Calorimetría y Termodinámica

ÍNDICE DE MATERIAS

Ejercicios de Física: 4 Calorimetría y Termodinámica

Dedicatoria	6
Introducción	7
Copyright	11

Calorimetría y Termodinámica	13
1: ajustando el termómetro	14
2: termómetro erróneo	14
3: termómetro logarítmico	15
4: Allen-Bradly	16
5: función resistencia vs temperatura	16
6: temperatura y calor específico	17
7: potencia calorífica	17
8: calor de fusión	18
9: estado final de un calorímetro	19
10: mezcla agua, hielo y vapor	19
11: fuga de oxígeno	20
12: cambio de presión en un recipiente	20
13: presión en una montaña	21
14: equilibrio entre gases	21
15: trabajo en expansión isotérmica	22
16: trabajo en dilatación de un gas	22
17: incremento de energía interna	23
18: calor e incremento de temperatura	23
19: incremento de energía interna del hielo	24

20: trabajo y aumento de energía interna 25
21: temperatura de una mezcla 25
22: variación de energía interna en agua 26
23: variación de energía interna en oxígeno 27
24: cambio de entropía 27
25: volumen y calorías por mol 28
26: mapa P vs V 29
27: rendimiento térmico 30
28: trabajo, entropía y energía interna 32
29: variación de energía interna 34
30: Motor de Carnot 35
31: Frigorífico de Carnot 36
32: rentabilidad de un motor térmico 37
33: variación de entropía de un sistema 37
34: variación de entropía total 37
35: calor, energía interna y entropía 38
36: trabajo en expansión adiabática 39
37: rendimiento y potencia de una máquina 40
38: ciclo y rendimiento de una máquina 43
39: variables estado en ciclos reversibles 44
40: evolución del calor en un ciclo 46
41: transformación reversible 47
42: cálculo de Q, T, P y gráficas 49
43: variación de entropía del Universo 51
44: entalpía, entropía en procesos complejos 52
45: capacidad calorífica del CO_2 53
46: trabajo para disminuir el volumen 54
47: expansión isotérmica, trabajo entregado 55
48: calor, trabajo y energía interna 57
49: calor y trabajo netos 58
50: trabajo realizado por un gas 59
51: varios tipos de expansiones 61
52: rendimiento térmico de una máquina 62
53: eficacia de una máquina frigorífica 63
54: rendimiento de ciclo en Motor de Carnot 65
55: energía suministrada a un frigorífico 65
56: rendimiento, potencia y Máquinas Carnot 66
57: eficiencia máquinas con un gas perfecto 68
58: trabajo, calor y energía interna 71
59: variaciones de entalpía y entropía 73
60: procesos con un gas ideal 76
61: calor intercambiado, proceso reversible 80
62: entropía molar 80
63: variación de entropía en una mezcla 81

64: calor cedido y trabajo realizado   81
65: variación positiva entropía del Universo   82
66: máquina frigorífica con gas ideal   83
67: variables fundamentales en gas perfecto   85
68: fórmula de energía interna   85
69: trabajo, calor y energía interna   86
70: energía interna en una transformación   86
71: incremento de energía total e interna   87
72: potencia de compresión   87
73: calor y energía interna en un cilindro   88
74: calor absorbido y cedido en un ciclo   89
75: procesos cuasi estáticos   90
76: calor molar y rendimiento   92
77: transformaciones en un gas ideal   93
78: temperatura y potencia máquina térmica   94
79: P,V,T en transformaciones de un gas   95
80: trabajo, energía interna y rendimiento   97
81: trabajo y calor en un Motor de Carnot   97
82: variables termodinámicas por estados   98
83: variación de entropía del Universo   98
84: variables termodinámicas complejas   98
85: calor, trabajo, entalpía y entropía   99

Anexos   *100*
Constantes   *101*
Factores de conversión   *103*
Integrales   *105*
Relaciones trigonométricas   *107*
Otros títulos   *109*
Bibliografía   *110*
Agradecimientos   *111*

⊖⊖⊕

Dedicatoria

A D. Lisardo Nuñez

excelente persona
excelente profesor
Príncipe de la Entalpía

INTRODUCCIÓN

Cuando estudiaba Física en la Universidad, hace ya algún tiempo, tuve la ocasión de comprobar que muchos alumnos universitarios de las carreras de Ciencias: Física, Química, Biología, Matemáticas, Ingenierías, etc. necesitaban consultar diversos libros con ejemplos de ejercicios resueltos de la materia teórica y práctica impartida en el aula y con la finalidad fundamental de adquirir conocimientos y soltura en la resolución de ejercicios planteados en los exámenes de estas disciplinas. Igualmente, cuando hablaba con mis profesores, éstos me comentaban que se encontraban habitualmente con la necesidad de recopilar múltiples ejercicios de alguna materia concreta para preparar la clase y/o para diseñar un examen.

Este libro, parte de una serie de libros de Física con diversas materias, pretende ayudar a cubrir estas necesidades en el proceso de aprendizaje de los alumnos de primer curso de Universidad, en aquellas carreras en las que la Física es una asignatura fundamental. Para ello se exponen más de 80 ejercicios relacionados con la **Calorimetría y Termodinámica**, con sus correspondientes esquemas, diagramas, soluciones, etc. y también con varios ejercicios adicionales donde se indica únicamente la solución o parte de ella, para que el alumno, profesor o lector pueda ejercitarse por su propia cuenta o plantear su resolución en una clase, examen, etc.

Para facilitar el proceso de aprendizaje, los ejercicios se agrupan por complejidad y aparición habitual a lo largo del curso.

En cada ejercicio se plantea el enunciado, los datos, los esquemas y gráficas y la solución con suficiente detalle para que el alumno, con una base teórica correcta, pueda seguir el desarrollo de la solución sin dificultad. Para garantizar el proceso de aprendizaje, se incluyen también ejercicios repetitivos de la misma materia pero enfocados desde diversas ópticas e incluso con diversos métodos.

No se ha querido forzar el volumen del libro, que sea un manual práctico, de rápida consulta y por lo tanto no se ha incluido teoría alguna sobre las materias abordadas, aunque si se añaden las explicaciones necesarias para la comprensión de cada ejercicio.

La materia tratada en este libro se enmarca únicamente dentro de la disciplina de Física Clásica no Relativista y que está incluida en el temario de la asignatura de Física del primer curso universitario de la mayoría de las carreras en las que se incluye la Física como asignatura principal.

Para otras materias, también del grupo de Física Clásica no Relativista, no incluidas en este libro como las siguientes, se puede consultar mi libro: **"400 Ejercicios Resueltos de Física Universitaria"** también disponible en Inglés e Italiano en www.amazon.es en los siguientes enlaces.

papel   ebook

- Vectores
- Campos
- Mecánica clásica
- Movimiento ondulatorio
- Fuerzas centrales
- Gravitación
- Elasticidad
- Estática y Dinámica de fluidos
- Termometría
- Calorimetría
- Termodinámica
- Campo eléctrico
- Campo magnético
- Corriente continua
- Corriente alterna

Al final del libro se incluye alguna bibliografía y otros datos de interés, que pueden usarse como referencia, consulta general o para la resolución de estos y otros ejercicios.

Más información en:

gregochenlo.blogspot.com

Gregorio Chenlo Romero (gregochenlo.blogspot.com)

Otros títulos del autor en www.amazon.es

"Domótica con Raspberry©, Google© y Python©" (Ed-1)
"Domótica con Raspberry©, Google© y Python©" (Ed-2)
"Home Automation with Raspberry©, Google© & Python©"
"Electrónica divertida con Raspberry©"
"Elettronica divertente con Raspberry©"
"Electrónica y Domótica con Raspberry©"
"400 Ejercicios Resueltos de Física Universitaria"
"400 Solved Exercises of University Physics"
"400 Esercizi Risolti di Fisica Universitaria"
"Ejercicios de Física: 1 Cálculo Vectorial"
"Ejercicios de Física: 2 Mecánica Clásica"
"Ejercicios de Física: 3 Mecánica de Fluidos"
"Ejercicios de Física: 4 Calorimetría y Termodinámica"
"Ejercicios de Física: 5 Campo Eléctrico y Magnético"
"Ejercicios de Física: 6 Corriente Continua y Alterna"
"Algebra y Análisis en Carreras Universitarias"
"50 Poesías sin Título"
"Pescando Tiburones"
"Pescando Squali"

⊖⊙⊖

©COPYRIGHT

El autor de este libro es Gregorio Chenlo Romero, que se reserva todos los derechos que la Ley le otorgue en cada región donde se publique este libro, tanto en la actualidad como en el futuro.

Este libro, en su 1ª edición, se publicó en Marzo de 2021 y le aplican todos los derechos de autor que la Ley Española le otorga ya desde el mismo momento de su publicación.

Reservados todos los derechos. Queda rigurosamente prohibida, sin la autorización escrita del titular de este copyright, bajo las sanciones establecidas en las leyes vigentes, la reproducción total o parcial del texto, tablas, esquemas, dibujos, etc. incluidas en esta obra, por cualquier medio o procedimiento, incluidos la reprografía, el tratamiento informático o la distribución de ejemplares mediante el alquiler o préstamo públicos.

El autor recopiló, como alumno, la información aquí incluida en las clases públicas de la Universidad Pública en la que cursó sus estudios de Física, por lo que se entiende que la información puede ser utilizada para ayudar a otros alumnos en los estudios universitarios de Física o similares.

El autor declina toda responsabilidad que los lectores, otras personas, terceros, empresas, etc. puedan realizar por su cuenta por el uso de la información aquí descrita.

Gregorio Chenlo Romero (gregochenlo.blogspot.com)

A pesar de que todo lo descrito en este libro, ha sido revisado y contrastado con el mayor interés posible, el autor también declina cualquier responsabilidad por las incorrecciones e inexactitudes que pudieran existir en esta obra.

Finalmente indicar que se adjuntan algunas referencias bibliográficas usadas, reafirmando los derechos que les puedan corresponder y declinando cualquier responsabilidad, garantía, etc. consecuencia de la variación, desaparición , etc. de dichas fuentes de información, tanto en su totalidad como en parte de las mimas.

⊖⊙⊕

Calorimetría y Termodinámica

1: ajustando el termómetro

Se calculó en un termómetro, el punto de fusión del hielo dando $-0,4°C$ y el de ebullición del agua en $100,6°C$

Se quiere saber la verdadera temperatura cuando el termómetro indique $65°C$ y suponiendo el capilar uniforme.

SOLUCIÓN:

Si llamamos con:

$\left. \begin{array}{l} t'_f = -0,4\,°C \\ t'_v = 100,6\,°C \\ t' = 65°C \end{array} \right\} \Rightarrow$

$$\frac{t-t_0}{t_{100}-t_0} = \frac{t'-t'_f}{t'_v - t'_f} \quad \Rightarrow \quad \frac{t-0}{100-0} = \frac{65+0,4}{100,6+0,4} \quad \Rightarrow$$

$t = 64,75\,°C$

2: termómetro erróneo

Para calcular los errores de los puntos fijos de que está afectado cierto termómetro de mercurio, se compara con otro patrón, haciendo las siguientes lecturas:

a) Para una temperatura en el termómetro patrón de *79,4ºC* el termómetro erróneo indica *80ºC*

b) Para *49,7ºC* el erróneo indica *50ºC*

Calcular lo indicado por el termómetro erróneo cuando se introduce en agua hirviendo y en hielo fundente.

SOLUCIONES:

$$\frac{t_1-t_2}{t_{100}-t_2}=\frac{t'_1-t'_2}{t'_{100}-t'_2} \quad \text{y por lo tanto:}$$

$$\frac{79,4-49,7}{100-49,7}=\frac{80-50}{t'_{100}-50} \Rightarrow \quad t'_{100}=100,88\,°C$$

$$\frac{79,4-0}{49,7-0}=\frac{80-50}{50-t'_0} \Rightarrow \quad t'_0=-0,202\,°C$$

3: termómetro logarítmico

Suponiendo que, en vez de definir la temperatura como una función lineal de alguna propiedad termométrica *x* la definimos como la función logarítmica siguiente: *t=a∗lnx+b* con *x* la longitud de la columna de líquido.

Calcular la distancia existente entre los puntos que definen las temperaturas de **0ºC** hasta **10ºC**

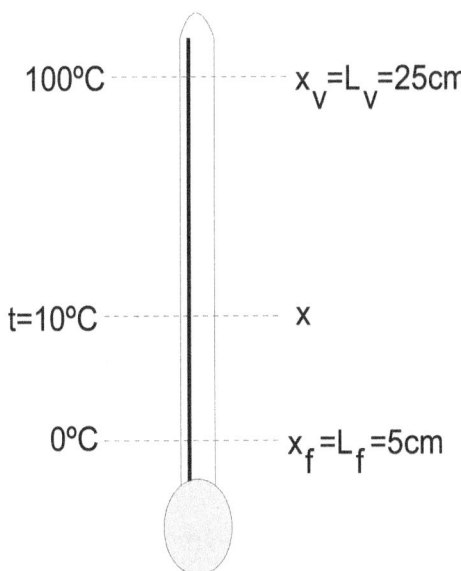

SOLUCIÓN:

Tenemos que:
$$\left. \begin{array}{l} 0 = a\ln 5 + b \\ 100 = a\ln 25 + b \end{array} \right\} \Rightarrow$$

$$a = 62,2 \quad y \quad b = -100 \quad \Rightarrow$$
$$10 = 62,2 \ln x + (-100) \quad \Rightarrow$$

$$x = 5,87\, cm \quad \Rightarrow \quad x - x_f = 0,87\, cm$$

4: Allen-Bradly

La resistencia de un filamento de carbón de **Allen-Bradly** obedece a la ecuación siguiente:

$$a + b\log R = \sqrt{\log R / \Phi} \quad \text{donde:} \quad a = -1,16\, K^{-1/2} \quad y \quad b = 0,675\, K^{-1/2}$$

En un reostato con helio líquido se encuentra que la resistencia es de $1k\Omega$ ¿cuánto vale Φ ?

SOLUCIÓN:

$$\sqrt{\frac{3}{\Phi}} = -1,16 + 0,675 \log 10^3 \quad \Rightarrow \quad \Phi = 4,01\, K$$

5: función resistencia vs temperatura

Se ha hallado que la resistencia de un hilo de platino es $R = 11.000\,\Omega$ en el punto de fusión del hielo; $15.247\,\Omega$ en el punto de ebullición del agua y $28.887\,\Omega$ en el punto de ebullición del azufre, que es de **444,6ºC**

Calcular las constantes **A** y **B** de la ecuación que explica su variación y que es la siguiente:
$$R = R_o(1 + At + Bt^2)$$

Ejercicios de Física: 4 Calorimetría y Termodinámica

SOLUCIONES:

$$A = 3{,}80 * 10^{-3}\, ºC^{-1} \quad y \quad B = -3{,}17 * 10^{-7}\, ºC^{-2}$$

6: temperatura y calor específico

Una esfera de platino de peso **50gr** se ha colocado en un horno para calentarla y posteriormente se ha introducido en **50gr** de agua contenida en un vaso de vidrio de **250gr**.

La temperatura del agua, debida a tal proceso, experimentó una subida desde **10ºC** hasta **25ºC**

¿Cuál es la temperatura del horno si el calor específico del vidrio es **0,2** y del platino **0,02** medidos ambos en $cal.gr^{-1}.ºC^{-1}$

SOLUCIÓN:

Tenemos que: $\quad 50*0{,}03(t_{Pt}-25) = (250*0{,}2*15) + (50*1*15) \Rightarrow$
$1{,}5 - t_{Pt} - 1{,}5*25 = 825 \quad \Rightarrow \quad t_{Pt} = 1.025ºC$

7: potencia calorífica

Una muestra de carbón que pesa **8,5gr** se quema en una bomba de acero de masa **1.500gr**

La bomba se sumerge en **1.600gr** de agua de un calorímetro de cobre de masa **480gr**

Si la temperatura sube **22,4ºC** ¿cuál es la potencia calorífica del carbón?.

SOLUCIÓN:

17

$Q_{ganado} = 1.500*0,11*22,4 + 480*0,093*22,4 + 1.600*1*22,4$ donde:
$0,093 = $ calor específico del cobre y $0,11$ el del acero.

Así, como la potencia calorífica es: $P_c = \dfrac{Q}{m}$ tenemos que:

$P_c = (1.500*0,11 + 480*0,093 + 1.600)*\dfrac{22,4}{8,5} \Rightarrow$

$P_c = 4.768,8\ Kcal/gr$

8: calor de fusión

Calcular el calor de fusión del hielo con los siguientes datos:

- Peso del calorímetro=**60gr**
- Peso del calorímetro+Peso del agua=**460gr**
- Peso del calorímetro+Peso del agua+Peso del hielo=**618gr**
- Temperatura inicial del agua=**38ºC**
- Temperatura de la mezcla=**5ºC**
- Calor específico del calorímetro=**0,1 unidades**

SOLUCIÓN:

$Q_{cedido} = 400*1*(38-5) + 60*0,1*(38-5) = 13.398\text{cal}$
$Q_{absorbido} = 158\,L_f + 158*1*(50-0) = 158(L_f + 5)$ y así:

$L_f = \dfrac{13.395}{158}$ (igualando: $Q_{cedido} = Q_{absorbido}$)   y por lo tanto:

$L_f = 79\,cal/gr$

Ejercicios de Física: 4 Calorimetría y Termodinámica

9: estado final en un calorímetro

Determinar el resultado final cuando **400gr** de agua y **100gr** de hielo a **0ºC**, que están contenidos en un calorímetro cuyo equivalente en agua es **50gr** y al cual se hacen llegar **10gr** de vapor de agua a **100ºC**

SOLUCIÓN:

$Q_{cedido} = 10 L_v + 10*1(100-t) = 5.400 + 10(100-t)$ donde L_v es el calor de vaporización con $L_v = 540$ unidades

$Q_{absorbido} = 400*1(t-0) + 100 L_f + 100*1(t-0) + w*1(t-0)$ donde L_f es el calor de fusión del hielo y w el equivalente del calorímetro $\Rightarrow$

$Q_{absorbido} = 550t + 8.000 = Q_{cedido}$ $\Rightarrow$ $t = -2,8\,ºC$ por lo tanto, no se funde todo el hielo y entonces :

$\left. \begin{array}{l} Q_{cedido} = m_v L_v + m_v c(100-0) = 6.400\,cal \\ Q_{absorbido} = m'_h L_f \end{array} \right\}$ $\Rightarrow$ $m'_h = \dfrac{6.400}{80} = 80\,gr$ $\Rightarrow$

El resultado final es : **20 gr de hielo y 490gr de agua**, *todo ello a 0ºC*

10: mezcla agua, hielo y vapor

Determinar el resultado final cuando se mezclan **200gr** de agua y **20gr** de hielo a **0ºC** contenidos en un calorímetro cuyo equivalente en agua es **30gr**, al cual se hacen llegar **100gr** de vapor de agua a **100ºC**

SOLUCIÓN:

El resultado final es :   **269,26 gr de agua y 50,74 gr de vapor** *todo ello a 100ºC*

11: fuga de oxígeno

Un recipiente de **50 l** de capacidad, se llena con oxígeno a la presión manométrica de $6 kg/cm^2$ cuando la temperatura es de **47ºC** Posteriormente se observa que, a causa de una fuga, la presión manométrica ha descendido a $5 kg/cm^2$ y la temperatura ha bajado a **27ºC**

Calcular:

a) La masa de oxígeno que había inicialmente en el recipiente.

b) La cantidad de oxígeno que se ha escapado.

SOLUCIONES:

$$PV=nRT \Rightarrow PV=\frac{m}{M}RT \Rightarrow m=\frac{PVM}{RT} \quad donde:$$

a) $P=P_m+P_{atm}=6,80\,atm$ pues: $1\,atm=1,033\,kg/cm^2$ y por lo tanto:

$$m_i=\frac{6,80*50*32}{0,082*(273+47)} \Rightarrow m_i=414,8\,gr$$

b) $m_f=\frac{P'VM}{RT'}$ con: $P'=P'_m+P_{atm}=5,84\,atm$ y como: $D_m=m_i-m_f$

$$m_f=\frac{5,840*50*32}{0,082*(27+273)}=379,9\,gr \quad y\,por\,lo\,tanto:$$

$D_m=414,8-379,9 \Rightarrow D_m=63,9\,gr$

12: cambio de presión en un recipiente

Un frasco de **5 l** de volumen se tapa en un recinto cuya presión es de **762mm de Hg** y cuya temperatura es de **27ºC** Luego se abre en un lugar donde la presión es de **690mm** y la temperatura **9ºC** ¿Entra o sale aire?

Calcular el peso del aire que entra o sale, si la densidad del aire en condiciones normales es **1,293gr/l**

Ejercicios de Física: 4 Calorimetría y Termodinámica

SOLUCIONES:

Tenemos que comprobar que: $\dfrac{P_1}{T_1} = \dfrac{P'_1}{T_2}$ y por lo tanto, tenemos:

$P'_1 = T_2 \dfrac{P_1}{T_1} = 282 * \dfrac{762}{300} \Rightarrow P'_1 = 716{,}3\,mm$ y como: $P'_1 < P_2 = 690\,mm$

El aire sale hasta que: $P_2 = P'_1$ y como:

$V_2 = \dfrac{P_1 V_1 T_2}{T_1 P_2} = \dfrac{762*5*282}{300*690} \Rightarrow V_2 = 5{,}19\,l$ entonces: $V_2 - V_1$ será el

volumen que salga: **0,19 l a 690mm de Hg y 282K** y como: $D_m = dDV$

$D_m = 0{,}2165\,gr$

13: presión en una montaña

En la cumbre de una montaña, el termómetro indica **10ºC** y el barómetro **70cm de Hg**

En la base de la montaña la temperatura es de **30ºC** y la presión **76cm de Hg**

Comparar la densidad del aire en la cumbre con la que hay en las base.

SOLUCIÓN:

$\dfrac{d}{d'} = 0{,}36$

14: equilibrio entre gases

Se dispone de un balón cerrado, de volumen $V = 10l$ lleno de aire seco, a la presión de **1atm** y a la temperatura de **22ºC**

21

En dicho balón hay introducida una pequeña ampolla de vidrio, que contiene una masa *m* de líquido cuya masa molecular se quiere calcular.

Para ello, mediante un dispositivo eléctrico, se rompe la ampolla y todo el líquido se vaporiza.

Una vez restablecido el equilibrio, los valores de la presión y temperatura son **83cm de Hg** y **27ºC**

Se supone que durante la experiencia, el volumen *V* permanece constante, siendo: *m=2,42 gr*

SOLUCIÓN:

Si $P_1 = 1 \text{atm}$; $T_1 = 295 \text{K}$; $m = 2,42 \text{gr}$; $P_2 = 83 \text{cm}_{Hg}$ y $T_2 = 300 \text{K}$ ⇒

$P_2 = P_{aire} + P_{vapor}$ ⇒ $\dfrac{P_1}{T_1} = \dfrac{P'_1}{T_2}$ ⇒ $P'_1 = P_{aire} = \dfrac{300 * 1}{295} = 1,017 \, atm$

$P_{vapor} = \dfrac{83}{76} - 1,017 = 0,075 \, atm$ y como: $P_{vapor} V = nRT_2$ y $n = \dfrac{m}{M}$ ⇒

$M = 92,71 \, gr/mol$

15: trabajo en expansión isotérmica

Un gas perfecto se mantiene en óptimo contacto térmico con un cuerpo muy grande a temperatura constante y experimenta una expansión isotérmica, en la cual su volumen varía de v_1 a v_2

¿Qué trabajo ha realizado?.

16: trabajo en dilatación de un gas

Calcular el trabajo realizado cuando un gas se dilata desde el volumen V_1 hasta el V_2, siendo la relación entre la presión y el volumen la siguiente:

Ejercicios de Física: 4 Calorimetría y Termodinámica

$$(P+\frac{a}{V^2})(V-b)=K \quad \text{donde } a, b \text{ y } K \text{ son constantes.}$$

SOLUCIÓN:

$$DW = P*DV \implies W_{1,2}=\int_1^2 PdV \quad \text{donde:} \quad P=\frac{K}{V-b}-\frac{a}{V^2} \quad y \; así:$$

$$W_{1,2}=\int_1^2 (\frac{K}{V-b}-\frac{a}{V^2})dV \implies W=(K\,ln(V-b)+\frac{a}{V})\Big|_{V_1}^{V_2}$$

17: incremento de energía interna

Un gramo de agua, $1cm^3$ se convierte en $1.671cm^3$ de vapor cuando hierve a la presión de **1atm** El calor de vaporización a esta presión es de **539cal/gr**

Calcular el trabajo realizado exteriormente y el incremento de energía interna.

SOLUCIÓN:

$$W=\int P*dV = P\int_{V_{agua}}^{V_{vapor}} dV = P(V_v-V_a)=1*(1.671-1)*10^{-3} \implies$$

$V=1,6\,atm.l$, o también: $W=40,58\,cal$
$DU=Q-W \implies Q=mL_v=539\text{cal} \implies DU=498,4\,cal$

18: calor e incremento de temperatura

Para el CO_2; $C_p=7,0+7,1*10^{-3}T+1,88*10^{-6}T^2\,cal/mol.K$

Calcular:

La cantidad de calor necesario para elevar la

23

temperatura de **200gr** de CO_2 desde **27ºC** hasta **227ºC** y suponiendo que $C_p - C_v = R$ con:

a) A volumen constante.

b) A presión constante.

SOLUCIONES:

$$dQ = mC_v dT = m(C_p - R)dT \Rightarrow Q = m\int_{T_1}^{T_2}(C_p - R)dT \Rightarrow$$

a) $Q = \dfrac{200}{44}\int_{300}^{500}((7{,}0 + 7{,}1*10^{-3} + 1{,}88*10^{-3}T^2) - 2)dT =$

$= \dfrac{200}{44}\left(5T + \dfrac{7{,}1}{2}*10^{-3}T^2 + \dfrac{1{,}88}{3}*10^{-6}T^3\right)\Big|_{300}^{500}$ y por lo tanto:

$Q_v = 7.413{,}8\,cal$

b) $Q_p = m\int_{300}^{500}C_p dT = \dfrac{200}{44}(7T - \dfrac{7{,}1}{2}*10^{-3}T^2 + \dfrac{1{,}88}{3}*10^{-6}T^3)\Big|_{300}^{500} \Rightarrow$

$Q_p = 9.233{,}8\,cal$

19: incremento de energía interna del hielo

Un trozo de hielo de **583cm³** a **0ºC** se funde y calienta hasta **4ºC**

Calcular el incremento de su energía interna.

Datos:

- Densidad del hielo: $0{,}917\,gr/cm^3$
- Presión exterior: $1\,kg/cm^2$
- Calor latente de fusión: $L_f = 80\,cal/gr$

SOLUCIÓN:

Ejercicios de Física: 4 Calorimetría y Termodinámica

$$Q = m_h L_f + m_a c_a DT = (583*0,917*80) + (583*0,917*1*4) = 44.907,3\, cal$$

y como: $\quad DU = Q - W \quad$ donde:

$$W = \int_{hielo}^{agua} P*dV = P\int dV = P(V_{agua} - V_{hielo}) = \frac{1}{1,033}(583*0,917 - 583)*10^{-3}$$

Entonces: $\quad W = -1,14\, cal \quad$ y como: $\quad DU = Q - W = 44.907,3 + 1,14 \quad \Rightarrow$

$$DU = 44.908,44\, cal$$

20: trabajo y aumento de energía interna

Cuando hierve agua a la presión de **2atm** el calor de vaporización es de **525cal/gr** el punto de ebullición **121,11ºC** con **1kg** de vapor de agua ocupando $0,87\, m^3$ y **1kg** de agua con un volumen de $1,06*10^{-3}\, m^3$

a) Calcular el trabajo cuando se forma **1kg** de vapor a tal temperatura.

b) Calcular el aumento de energía interna experimentado.

21: temperatura de una mezcla

Se mezclan en un calorímetro de equivalente en agua **10gr** **100gr** de hielo a **−10ºC** con **200gr** de agua a **80ºC**

Calcular:

a) La temperatura final de la mezcla.

b) La cantidad de vapor de agua a **100ºC** que habría que introducir para que la temperatura final sea **90ºC**

Datos:

- Calor específico del hielo: $\quad c_h = 0,5\, cal.gr^{-1}.ºC^{-1}$
- Calor latente de fusión: $\quad L_f = 80\, cal/gr$
- Calor latente de vaporización: **540cal/gr**

25

SOLUCIONES:

$DQ = m_a c_a DT$ y $m = 200 + 100 = 210\,gr$ con:

a) $\left.\begin{array}{l} DQ_1 = 210*1*(80-T) \quad \text{(calor cedido por agua)} \\ DQ_2 = m_h c_h DT = 100*0,5*(0-(-10)) = 500\,cal \quad \text{(paso de -10 a 0°C)} \\ DQ_3 = m_h L_f = 100*80 = 8.000\,cal \quad \text{(paso de hielo a agua a 0°C)} \\ DQ_4 = m_a c_a (T-0) = 100*1*(T-0) = 100T\,cal \quad \text{(agua de 0 a T°C)} \end{array}\right\} \Rightarrow$

Y como: $DQ_1 = DQ_2 + DQ_3 + DQ_4 \Rightarrow$ **$T = 26,8\ °C$**

b) $\left.\begin{array}{l} DQ_1 = m_v L_v = m_v 540 \quad \text{(paso de vapor a líquido a 100°C)} \\ DQ_2 = m_v c_a (100-90) = 10\,m_v \quad \text{(paso del agua de 100 a 90°C)} \\ DQ_3 = mc_a (T_f - T_m) \quad \text{con:} \quad m = 10 + 100 + 200 = 310\,gr \quad \text{y así:} \\ DQ_3 = 310*1*(90-26,8) = 19.562\,cal = DQ_1 + DQ_2 \end{array}\right\} \Rightarrow$

$1.952 = 540 m_v + 10 m_v \quad \Rightarrow \quad$ **$m_v = 35,6\ gr$**

22: variación de energía interna en agua

Calcular la variación de energía interna que sufre **1gr** de agua al pasar del estado líquido al gaseoso a **100ºC** y a la presión de **1atm**

Sabemos que $C_v = 540\,cal/gr$

SOLUCIÓN:

$DU = Q - W$ con: $Q = mC_v = 540\,cal$ y: $W = P(V_2 - V_1)$ donde:

$\left.\begin{array}{l} V_1 = 1\,cm^3 = 10^{-6}\,m^3 \\ V_2 = \dfrac{nRT}{P} = \dfrac{1*0,082*373}{18} = 1,7*10^{-3}\,m^3 \end{array}\right\} \Rightarrow W = 41,3\,cal \Rightarrow$

$DU = 540 - 41,3 \quad \Rightarrow \quad$ **$DU = 499\,cal$**

23: variación energía interna en oxígeno

Calcular la variación de energía interna experimentada por **100gr** de oxígeno cuando su temperatura pasa de **12 a 80ºC** a la presión constante de **1atm** y sabiendo que el peso molecular del oxígeno es **32**

SOLUCIÓN:

$DU = Q - W$ y con: $Q = nC_p dT$ y: $n = \dfrac{100}{32}$ moles de O_2 ⇒

$C_p = \dfrac{7}{2} R$ pues es un gas diatómico y así:

$Q = \dfrac{100}{32} * \dfrac{7}{2} * 1,987 * 68 = 1,4 * 10^3 cal$ y por lo tanto tenemos:

$W = P(V_2 - V_1)$ con: $PV_1 = nRT_1$ y $PV_2 = nRT_2$ ⇒ $W = nR(T_2 - T_1)$

$W = \dfrac{100}{32} * 1,987 * 68 = 4,23 * 10^2 cal$ y así:

$DU = Q - W = 1,48 * 10^3 - 4,23 * 10^2$ ⇒ **$DU = 1,06 * 10^3 cal$**

24: cambio de entropía

Calcular el cambio de entropía que tiene lugar cuando **40gr** de hielo se funden a **0ºC**, sabiendo que el calor de formación del hielo vale $C_f = 80 cal/gr$

SOLUCIÓN:

$DS = \dfrac{DQ}{T}$ con: $DQ = 40 * 80 = 3.200 cal$ ⇒ $DS = \dfrac{3.200}{273}$ ⇒

$DS = 11,7 cal/K$

| 25: volumen y calorías por mol |

Un gas diatómico está encerrado a presión atmosférica y a **300K** en un cilindro vertical tapado por un pistón deslizante de **10cm** de radio.

Calcular:

a) ¿Qué pesas hay que colocar sobre el pistón para que, calentado el gas hasta **400K**, siga ocupando igual volumen?.

b) ¿Cuántas calorías debemos dar a cada mol del gas para obtener este calentamiento a volumen constante?.

c) Si el aumento de temperatura se alcanzara a presión constante sin poner pesas, ¿cuántas calorías por mol se hubieran necesitado?.

SOLUCIONES:

a) $\dfrac{P_A}{T_A} = \dfrac{P_B}{T_B} \Rightarrow P_B = P_A \dfrac{T_B}{T_A} = \dfrac{1.400}{300} = 1,33\,atm$ y como: $DP = P_B - P_A$

$DP = 0,33\,atm = 3,34*10^5\,din/cm^2$ y como: $DP = m\dfrac{g}{S} \Rightarrow$

$mg = DP*S = DP*4\pi r^2 = 1,05*10^8\,din \Rightarrow$

$mg = 1,07*10^2\,kp$

$DQ_v = nC_v DT$ con: $C_v = \dfrac{5}{2}R$ (es un gas diatómico) y así:

b) $\dfrac{DQ_v}{R} = \dfrac{5}{2}RDT = \dfrac{5}{2}*1,987*(400-300) = 498\,cal/mol \Rightarrow$

$\dfrac{DQ_v}{R} = 498\,cal/mol$

Ejercicios de Física: 4 Calorimetría y Termodinámica

c) Si $P=constante \Rightarrow \dfrac{DQ_p}{R}=C_p RT \Rightarrow C_p=\dfrac{7}{2}R \Rightarrow$

$\dfrac{DQ_p}{R}=\dfrac{7}{2}*1{,}987*(400-300) \Rightarrow \dfrac{DQ_p}{R}=697 cal/mol$ y por otro lado:

$\dfrac{W}{R}=\dfrac{DQ_p}{R}-\dfrac{DQ_v}{R} \Rightarrow \dfrac{W}{R}=199 cal/mol$

26: mapa P vs V

Tenemos **1mol** de O_2 a **300K** en un émbolo, sometido a la presión atmosférica y a los siguientes procesos:

a) Se calienta sin aumentar la presión hasta ocupar un volumen doble que el inicial.

b) Después y a temperatura constante, se comprime hasta alcanzar el volumen inicial.

c) Finalmente se enfría para que, manteniendo su volumen, recupere la presión inicial.

Representar en un diagrama **P-V** las tres transiciones del ciclo y calcular los valores de la presión, volumen y temperatura de los tres vértices.

¿Cuántas calorías se dan al gas en la transformación primera y última?

SOLUCIONES:

En la gráfica podemos ver tres transiciones:

AB: *Isobara*
BC: *Isoterma*
CA: *Isócora*

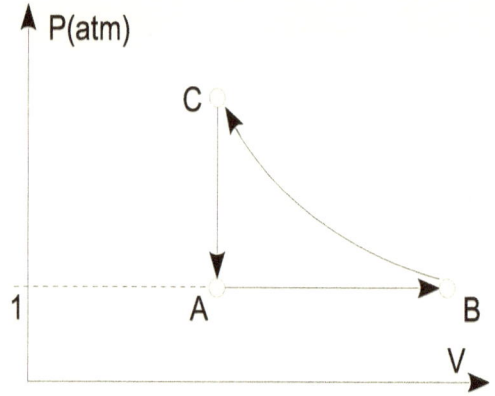

En A: $P = 1\,atm$; $T = 300K$ $v = R\dfrac{T}{P}$ $\Rightarrow$ $V = 24,6\,l$

En B: $V = 2V_A \Rightarrow V = 49,20\,l$; $P = 1\,atm$ y $T = V_B\dfrac{T_A}{V_A}$ $\Rightarrow$ $T = 600k$

En C: $V = 24,60\,l$; $T = T_B \Rightarrow T = 600K$ y $P = P_B\dfrac{V_B}{V_C} = 2P_B$ $\Rightarrow$ $P = 2\,atm$

$Q_P = C_p DT = \dfrac{7}{2} R(600 - 300) = 2,09 * 10^3\,cal$ $\Rightarrow$ $\boldsymbol{Q_p = 2,09\,kcal}$ (*primero*)

$Q_v = C_v DT = \dfrac{5}{2} R(300 - 600) = -1,49 * 10^3\,cal$ $\Rightarrow$ $\boldsymbol{Q_v = -1,49\,kcal}$ (*último*)

27: rendimiento térmico

¿Cuál es el rendimiento térmico de un motor que funciona con un gas monoatómico perfecto según el ciclo siguiente:?.

a) Comienza con **n** moles y P_o, V_o y T_o

b) Cambia a $2P_o$ con $V = constante$

c) Cambia a $2V_o$ con $P = constante\,(2P_o)$

d) Cambia a P_o con $V = constante\,(2V_o)$

e) Cambia a V_o con $P = constante\,(P_o)$

Además sabemos que $c_v = 2$

SOLUCIÓN:

Para resolver este ejercicio más fácilmente, representamos el ciclo en un diagrama P-V y los datos de los vértices los situamos en una tabla como las siguiente:

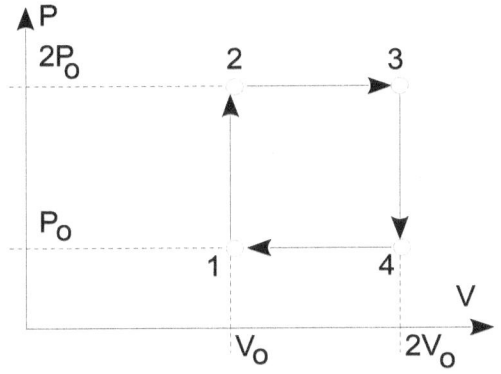

	1	2	3	4
P	P_o	$2P_o$	$2P_o$	P_o
V	V_o	V_o	$2V_o$	$2V_o$
T	T_o	*$2T_o$*	*$4T_o$*	*$2T_o$*

Donde los datos en cursiva, fueron hallados del siguiente modo:

$$\left. \begin{array}{l} PV=nRT \Rightarrow R=2P_o\dfrac{V_o}{T_2}=P_o\dfrac{V_o}{T_o} \Rightarrow T_2=2T_o \\[6pt] 2P_o2\dfrac{V_o}{T_3}=P_o\dfrac{V_o}{T_o} \Rightarrow T_3=4T_o \\[6pt] P_o\dfrac{2V_o}{T_4}=P_o\dfrac{V_o}{T_o} \Rightarrow T_4=2T_o \end{array} \right\}$$

Ahora, el calor y el trabajo intercambiado en cada proceso, lo podemos expresar en la tabla siguiente:

	1->2	2->3	3->4	4->1
Q	$3nT_o$	$10nT_o$	$-6nT_o$	$-5nT_o$
W	0	$-2P_oV_o$	0	

Donde los datos en cursiva han sido calculados como:

$$W_{1,2}=PDV=0; \quad W_{3,4}=P'DV=0; \quad Q_{1,2}=n\frac{3}{2}R(2T_o-T_o)=n3T_o \Rightarrow$$

$$\left.\begin{array}{l} Q_{1,2}=n3T_o \\ Q_{2,3}=nc_p DT=n(c_v+R)DT=10nT_o \\ Q_{3,4}=n\frac{3}{2}R(4T_o-2T_o)=-6nT_o \\ Q_{4,1}=n5(-2T_o-T_o)=-5nT_o \end{array}\right\} \text{ y por otro lado}$$

$$\left.\begin{array}{l} W_{1,2}=0 \\ W_{2,3}=-PDV=-2P_o(2V_o-V_o)=-2P_oV_o \\ W_{3,4}=0 \\ W_{4,1}=-PDV=-P_o(V_o-2V_o)=P_oV_o \end{array}\right\} \text{ por lo tanto:}$$

$$Q_{absorbido}=13nT_o \quad y \quad W=P_oV_o \Rightarrow Rend=\frac{|W|}{Q_{absorbido}}*100 \Rightarrow$$

$$Rend=\frac{P_oV_o}{13nT_o}*100=\frac{R}{16} \Rightarrow \textbf{Rendimiento}=15,4\%$$

28: trabajo, entropía y energía interna

Un mol de un gas ideal monoatómico sigue un ciclo reversible dado en el diagrama siguiente.

Las transformaciones vienen dadas por:

P=124−24V y *PV=20*

Donde: *P* y *V* están en Nw/m^2 y m^3 respectivamente.

Calcular:

a) El trabajo realizado en el ciclo.
b) La variación de entropía y energía interna entre *A* y *B*
c) El rendimiento del proceso.

SOLUCIÓN:

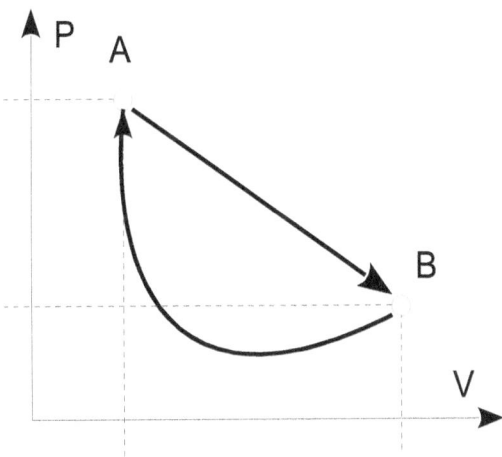

a) Del diagrama se deduce que la ecuación que representa el tramo A-B es: **P=124−24V** y el tramo B-A está representado por: **PV=20**

Entonces, para calcular las coordenadas de los puntos A y B se resuelve con:

$$\left.\begin{array}{l}P=124-24\text{V}\\ PV=20\end{array}\right\} \Rightarrow P_A=120\text{Nw}/m^2;\ P_B=4\text{Nw}/m^2;\ V_A=\frac{1}{6}m^3\ y\ V_B=5m^3$$

$$W_{A,B}=-\int_{1/6}^{5}(124-24\text{V})dV=-12V^2-124V\Big|_{1/6}^{5}=-299,6\,J\quad y:$$

$$W_{B,A}=-\int_{5}^{1/6}\frac{20}{V}dV=20\ln V\Big|_{5}^{1/6}=67,94\,J\quad \text{por lo tanto:}$$

$$W_T=67,94-299,6\quad \Rightarrow\quad \boldsymbol{W_T=-231,6\,J}$$

b) $\quad Si\ PV=constante\ \Rightarrow\ T=constante\ \Rightarrow\ DS=\frac{1}{T}\int dQ=\frac{Q}{T}\ \Rightarrow$

$DS=-\dfrac{-67,94}{T}\quad con:\quad T=T_A=T_B=2,4\,K\quad y\ así:$

$DS=\dfrac{67,94}{2,4}\ \Rightarrow\ \boldsymbol{DS=28,30\,J/K}\quad y\ como:\ T=constante\ \Rightarrow\ \boldsymbol{DU=0}$

c) $\quad Q_{A,B}=299,6\,J;\quad Q_{B,A}=-67,94\,J\quad y\ como:\quad Rend=\dfrac{|W|}{Q_{absorbido}}\ \Rightarrow$

$Rend=\dfrac{231,7}{299,6}*100\ \Rightarrow\ \boldsymbol{Rendimiento=77,7\,\%}$

29: variación de energía interna

Un gas es enfriado, manteniendo la presión constante de *7kg/cm²* en un cilindro de **25cm** de diámetro.

El émbolo recorre **60cm** y se transfieren **6kcal** del sistema al medio exterior durante este proceso.

Suponiendo que la transformación es reversible, calcular la variación de energía interna considerando el gas perfecto, apreciar si su temperatura aumentará o disminuirá.

SOLUCIÓN:

$$W = \int_{V_i}^{V_f} P*dV = P\int_{V_i}^{V_f} dV \Rightarrow W = P(V_f - V_i) = dSL \Rightarrow$$

$$W = \frac{-7}{1,033}\pi\, 12,5^2 * 60 * 10^{-3} = -4.849 \text{cal} \quad y\,como: \quad Q = -6*10^3 cal \Rightarrow$$

$$DU = -6*10^3 + 4.849 \quad \Rightarrow \quad \boldsymbol{DU = -1.151 cal} \quad que\,es\,negativa\,y\,por\,lo$$

tanto el gas se enfriará

30: Motor de Carnot

Un motor de Carnot, cuyo foco frío está a **280K** tiene un rendimiento del **40%** y se desea elevarlo al **50%**

a) ¿Cuántos grados ha de elevarse la temperatura del foco caliente, si la temperatura del foco frío permanece constante?.

b) ¿Cuántos grados ha de disminuirse la temperatura del foco frío si permanece constante la del foco caliente?

SOLUCIÓN:

Si representamos el diagrama con los focos:

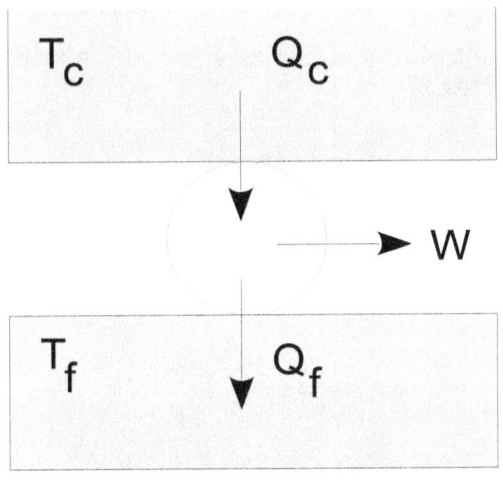

$Rend = \dfrac{W}{Q_c} = \dfrac{Q_c - Q_f}{Q_c}$ y por ser un motor de Carnot ,

a) *debe suceder que* : $\quad Rend = \dfrac{T_c - T_f}{T_c} \Rightarrow$

$0{,}40 = \dfrac{T_c - 280}{T_c} = 1 - \dfrac{280}{T_c} \quad$ *con lo que:*

$T_c = 466{,}7\ K$ *y por otra parte* : $0{,}50 = \dfrac{T'_c - 280}{T'_c} = 1 - \dfrac{280}{T'_c} \Rightarrow T'_c = 560 K$

$\Rightarrow DT = 560 - 466{,}7 \Rightarrow \mathbf{DT = 93{,}3\ K}$

b) $0{,}50 = \dfrac{466{,}7 - T'_f}{466{,}7} \Rightarrow T'_f = 233{,}4\ K \quad y\ como: \quad T_f = 280K \Rightarrow$

$DT_f = 280 - 233{,}4 \Rightarrow \mathbf{DT_f = 46{,}6\ K}$

31: Frigorífico de Carnot

Un frigorífico de Carnot toma calor de agua a **0ºC** y lo cede a una habitación a **27ºC**

Suponer que **50kg** de agua a **0ºC** se convierten en hielo a **0ºC**

Calcular:

a) ¿Cuánto calor se cede a la habitación?.

b) ¿Qué cantidad de energía ha de suministrarse al frigorífico?

SOLUCIONES:

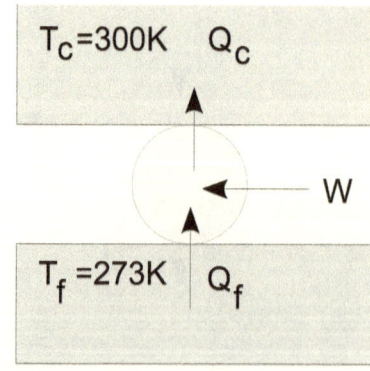

$$Rend = \frac{W}{Q_c} = \frac{T_f - T_c}{T_c} \quad y\ como:$$

a) $Q_f = 50*10^3*80 = 4*10^3 kcal \Rightarrow$

$\dfrac{4.000 - Q_c}{Q_c} = \dfrac{273 - 300}{300}$ $Q_c = 4.390 kcal$

b) $W = Q_c - Q_f = 4.000 - 4.390 \Rightarrow$ **$W = -390 kcal$** (absorbido)

32: rentabilidad de un motor térmico

Dado un motor térmico que funciona entre temperaturas extremas de **280K y 350K** con un rendimiento del **60%**.

En tales condiciones ¿sería buen negocio comprar este motor?.

33: variación de entropía de un sistema

Se mezclan **200gr** de H_2O a **60ºC** con **400gr** a **20ºC**

Calcular la variación de entropía que ha experimentado el sistema cuando se ha llegado al estado de equilibrio, suponiendo que el proceso es irreversible.

34: variación de entropía total

En un ambiente a **20ºC** se funden **100kg** de hielo inicialmente a **-5ºC** convirtiéndose en agua a aquella temperatura.

Determinar la variación de entropía total.

SOLUCIÓN:

El proceso es el siguiente:

$$-5°C\,(hielo) \xrightarrow{DS_1} 0°C\,(hielo) \xrightarrow{DS_2} 0°C\,(agua) \xrightarrow{DS_3} 20°C\,(agua)$$
$$\quad\quad\quad\quad (1) \quad\quad\quad\quad\quad (2) \quad\quad\quad\quad\quad (3)$$

$Donde:\quad DS_T = DS_1 + DS_2 + DS_3 \quad con:$

$$\left.\begin{array}{l}DS_1=\int_1^2 \dfrac{mc}{T}dT = m_h c_h \ln\dfrac{T_2}{T_1} = 100*0,5\ln\dfrac{273}{268} = 0,9242\,cal/K \\ DS_2=\int_2^3 \dfrac{\delta Q}{T} = \dfrac{1}{T}\int_2^3 \delta Q = \dfrac{m_h}{T}L_f\Big|_2^3 = \dfrac{m_h}{T}*\dfrac{L_f}{T_2-T_3} = 29,30\,cal/K \\ DS_3=\int_3^4 \dfrac{mc}{T}dT = m_a c_a \ln\dfrac{T_4}{T_3} = 7,07\,cal/K\end{array}\right\} \Rightarrow$$

$Asi:\quad DS_T = 0,92+29,30+7,07 \quad\Rightarrow\quad \boldsymbol{DS_T = 37,29\,cal/K}$

35: calor, energía interna y entropía

$1m^3$ de hidrógeno, que se considera gas perfecto, a **4atm** y **5ºC** se calienta por vía reversible a presión constante hasta **250ºC**

Calcular:

a) El calor que hay que comunicarle.

b) La variación de su energía interna.

c) El trabajo realizado por el gas.

d) La variación de entropía.

SOLUCIONES:

Ejercicios de Física: 4 Calorimetría y Termodinámica

a) $\delta Q = nC_p dT \Rightarrow Q = nC_p(T_2 - T_1)$ y como:

$n = \dfrac{P_1 V_1}{RT_1} \Rightarrow Q = P_1 V_1 C_p \dfrac{T_2 - T_1}{RT_1} = 4*10^3 * \dfrac{7}{2} * 2 * \dfrac{523-278}{0,082*278} \Rightarrow$

$Q = 300.877 cal$

b) $dU = nC_v dT \Rightarrow DU = nC_v(T_2 - T_1) = 4*10^3 * \dfrac{5}{2} * 2 * \dfrac{523-278}{0,082*278} \Rightarrow$

$DU = 214.912 cal$

c) $W = Q - DU \Rightarrow W = 85.965 cal$

d) $DS = \int \dfrac{DQ}{T} = \int_{278}^{523} nC_p \dfrac{dT}{T} = nC_p \ln\dfrac{523}{278} = \dfrac{P_1 V_1}{RT_1} C_p \ln\dfrac{523}{278} =$

$= \dfrac{4*10^3}{0,082*278} * \dfrac{7}{2} * 2 * \ln\dfrac{523}{278} \Rightarrow DS = 776,23\ cal/K$

36: trabajo en expansión adiabática

300 l de aire, inicialmente a la temperatura de **60ºC**, se expande a la presión manométrica de **1,5 kg/cm²** hasta un volumen de **1.500 l** y después siguen expandiéndose adiabáticamente hasta un volumen de **2.400 l** y una presión de **0,2 kg/cm²**

Hacer un esquema del proceso en el plano **P-V** y calcular el trabajo realizado por el aire.

SOLUCIÓN:

$W_T = W_{1,2} + W_{2,3}$ donde:

$W_{1,2} = P_1 \int_1^2 dV = P_1(V_2 - V_1) = (1 + \dfrac{1,5}{1,033}) * (1.500 - 300) =$
$= 2.942,5\ atm.l = 71.442 cal$

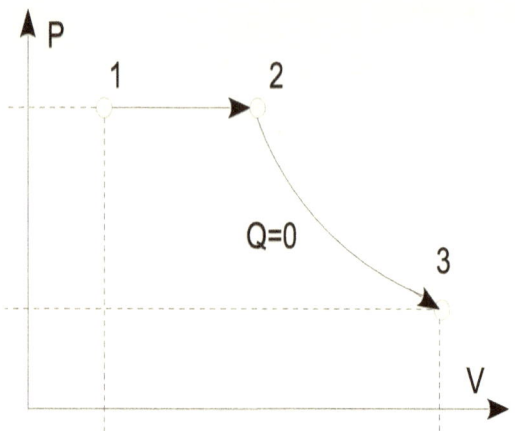

$$W_{2,3}=\int_2^3 PdV=\int_2^3 \frac{k}{V^\gamma}dV=k\frac{V^{1-\gamma}}{1-\gamma}\Big|_2^3=\frac{k}{1-\gamma}(V_3^{1-\gamma}-V_2^{1-\gamma})=$$

$$=\frac{1}{1-\gamma}(P_3 V_3^\gamma V_3^{1-\gamma}-P_2 V_2^\gamma V_2^{1-\gamma})=\frac{1}{1-\gamma}(P_3 V_3-P_2 V_2)=$$

$$=\frac{((1+0,2)*2.400-(1+1,5)*1.500)*24,2}{(1-\frac{7}{5})} \Rightarrow W_{2,3}=49.654,25\,cal \Rightarrow$$

$W_T = 121.096,25\,cal$

37: rendimiento y potencia de una máquina

Un mol de un gas biatómico describe un ciclo de Carnot de las siguientes características:

$V_1=5l$; $T_1=227^oC$; $P_2=4atm$ y $V_3=20l$

El ciclo, que viene representado en la figura siguiente, se desarrolla en **30s** Calcular el rendimiento de la máquina y la potencia de la misma expresada en **CV**

SOLUCIONES:

Para resolver este tipo de ejercicios es conveniente hacer una tabla de datos como la siguiente, donde los valores en negrita y cursiva fueron calculados de la manera siguiente, donde P,V,T están en atmósferas, litros y Kelvin respectivamente.

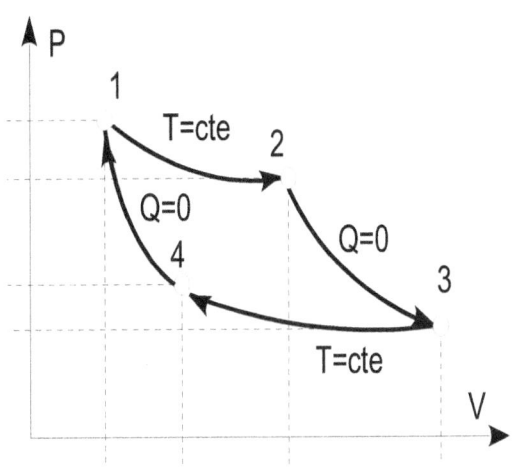

	1	2	3	4
P	*8,2*	4	*1,6*	*3,6*
V	5	*10,25*	20	*8,9*
T	500	*50*	390	390

$$P_1 = \frac{nRT_1}{V_1} = \frac{1*0,082*500}{5} = 8,2\, atm \quad y\ análogamente:$$

$$V_2 = \frac{nRT_2}{P_2} = \frac{1*0,082*500}{4} = 10,25\, l$$

Gregorio Chenlo Romero (gregochenlo.blogspot.com)

$$P_2 V_2^\gamma = P_3 V_3^\gamma \;\Rightarrow\; P_3 = P_2 \left(\frac{V_2}{V_3}\right)^\gamma = 4*\left(\frac{10,25}{20}\right)^\gamma \quad con: \; \gamma = \frac{7}{5} \;\Rightarrow$$
$$P_3 = 1,6\, atm \quad y\; por\; otra\; parte:$$

$$T_3 = P_3 \frac{V_3}{nR} = \frac{1,6*20}{0,082*1} = 390\,K \quad y \quad T_4 V_4^{\gamma-1} = T_1 V_1^{\gamma-1} \;\Rightarrow$$
$$V_4 = V_1 \left(\frac{T_1}{T_4}\right)^{\frac{1}{\gamma-1}} = 5*\left(\frac{500}{390}\right)^{\frac{1}{(7/5)-1}} = 8,9\, l \quad y\; finalmente:$$
$$P_4 = nR \frac{T_4}{V_4} = 1*0,082*\frac{390}{3,9} = 3,6\, atm$$

*Proceso 1,2:

$$T = constante \;\Rightarrow\; Q_{1,2} = W_{1,2} \quad y\; por\; lo\; tanto:$$
$$W_{1,2} = \int_1^2 P dV = \int_1^2 nR \frac{T}{V} dV = nRT \ln\frac{V_2}{V_1} = 1*500*\ln\frac{10,25}{5} = 692,3\, cal = Q_{1,2}$$

*Proceso 2,3:

$$Q = 0 \;\Rightarrow\; -W_{2,3} = DU_{2,3} \;\Rightarrow\; -nC_v(T_3 - T_2) = W_{2,3} \;\Rightarrow$$

$$W_{2,3} = -1*\frac{5}{2}R(390-500) = 550\,cal$$

*Proceso 3,4:

$$W_{3,4} = \int_3^4 P dV = nRT \ln\frac{V_4}{V_3} = 1*2*390 \ln 0,445 = -630,8\, cal = Q_{3,4}$$

*Proceso 4,1:

$$Q = 0 \;\Rightarrow\; W_{4,1} = -DU_{4,1} = -nC_v(T_1-T_4) = -1*\frac{5}{2}R(500-390) = -550\,cal$$

$$Y\; con\; todo\; ello\; tenemos: \quad Rend = \frac{W}{Q}*100 = \frac{692,3-630,8}{692,3}*100 \;\Rightarrow$$
Rendimiento = 9 %

$$P = \frac{W}{t} = \frac{(692,3-630,8)*4,28}{9,8*30*75} \;\Rightarrow\; \boldsymbol{P = 0,012\, CV}$$

38: ciclo y rendimiento de una máquina

Un gas ideal para el cual $C_v = \dfrac{5}{2} R$ corre por vía cuasi estática el ciclo **ABC** representado en la figura siguiente.

Llenar los espacios en blanco de las dos tablas siguientes y calcular el rendimiento de una máquina que funcione describiendo este ciclo.

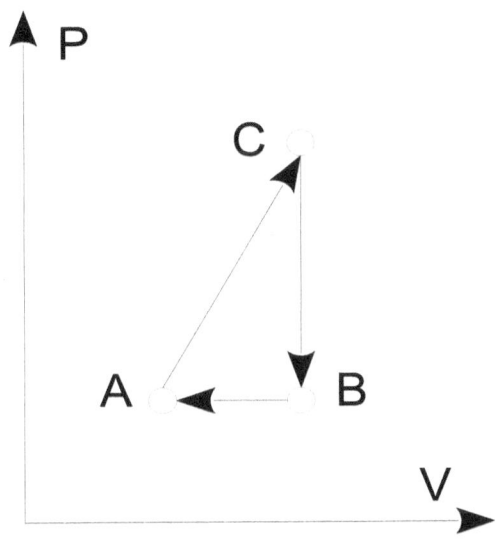

Punto:	P Nw/m^2	V m^3	T K
A	$2*10^9$	3	100
B	$2*10^5$		
C	$4*10^5$		

Camino	W (J)	Q (J)	DU (J)	DS (J/K)	DH (J)
A->B					
B->C					
C->A					
	$\sum W$	$\sum Q$	$\sum DU$	$\sum DS$	$\sum DH$

> 39: variables estado en ciclos reversibles

En el ciclo reversible de la figura siguiente, **AB** es el proceso a volumen constante, **BC** es una isoterma y **CA** una isobara.

El ciclo lo recorre **un mol** de gas ideal diatómico.

En **A**: $P_A = 3\,atm$; $V_A = 10l$ y en **B**: $P_B = 2P_A$

Calcular:

a) Las variables de estado en **A**, **B** y **C**

b) La variación de energía interna en cada transformación.

c) Idem para la cantidad de calor.

d) Idem para la entropía.

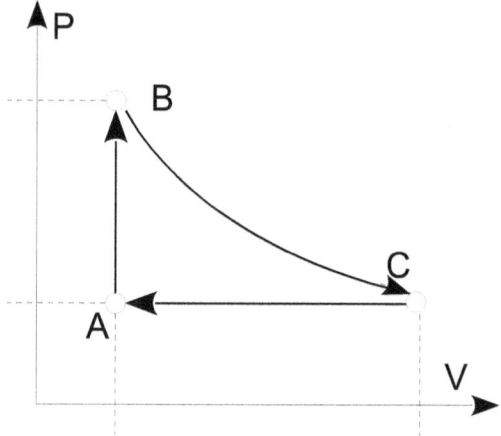

SOLUCIONES:

ESTADO A:
$P_A = 3\,atm$; $V_A = 10l$; $P_A V_A = nrT_A \Rightarrow$

a)

$T_A = \dfrac{3*10}{0,082*1} \Rightarrow T_A = 366K$

ESTADO B:
$P_B = 6\text{atm}$; $V_B = 10l$ $\Rightarrow$ $P_B V_B = nRT_B$ entonces:

$$T_B = \frac{6*10}{0,082*1} \Rightarrow T_B = 732K$$

ESTADO C:
$P_C = 3\text{atm}$; $T_C = 732K$; $P_C V_C = nrT_C$ por lo que:

$$V_C = nr\frac{T_c}{P_C} = 1*0,082*\frac{732}{3} \Rightarrow V_C = 20l$$

$$DU_{AB} = nC_v(T_B - T_A) = 1*\frac{5}{2}R(732-366)$$ y por lo tanto:

b)
$$\left.\begin{array}{l} DU_{AB} = 1,82*10^3 \text{cal} \\ DU_{BC} = 0 \quad (\text{pues } T = \text{constante}) \\ DU_{CA} = nC_v(T_A - T_C) = 1*\frac{5}{2}R(366-732) \Rightarrow DU_{CA} = -1,82*10^3 \text{cal} \end{array}\right\}$$

También se podría resolver teniendo en cuenta que:

$$DU_T = 0 = DU_{AB} + 0 + DU_{CA} \Rightarrow -DU_{CA} = DU_{AB}$$

$$DQ_{AB} = nC_v DT_{AB} = DU_{AB} \Rightarrow DQ_{AB} = 1,82 \text{ kcal}$$

$$DU_{BC} = 0 \Rightarrow Q_{BC} = W_{BC} = \int_B^C P dV = nRT_B \ln\frac{V_C}{V_B} = 1*2*732\ln\frac{20}{10} \Rightarrow$$

c)
$$Q_{BC} = 1,01 \text{ kcal}$$

$$dQ_{CA} = nC_p dT_{CA} \quad \text{donde}: \quad DQ_{CA} = nC_p DT_{CA} \quad y \text{ como}:$$
$$C_p = \frac{7}{2}R \Rightarrow DQ_{CA} = 1*\frac{7}{2}*2*(366-732) \Rightarrow DQ_{CA} = -2,55 \text{ kcal}$$

En AB: $dQ = dU = nC_v dT$ entonces:

$$DS_{AB} = \int_A^B nC_v \frac{dT}{T} = nC_v \ln\frac{T_B}{T_A} = 1 * \frac{5}{2} * 2 * \ln\frac{732}{366} \Rightarrow DS_{AB} = 3,45\, cal/K$$

En BC: $dQ = dW = PdV \Rightarrow DS_{BC} = \int_B^C \frac{dQ}{T} = \frac{DQ_{BC}}{T_B} \Rightarrow$

d) $DS_{BC} = 1,38\, cal/K$

En CA: $dQ = nC_p dT \Rightarrow DS_{CA} = \int_C^A nC_p \frac{dT}{T} = nC_p \ln\frac{T_A}{T_C} =$

$= 1 * \frac{7}{2} * 2 \ln 0,5 \Rightarrow DS_{CA} = -4,83\, cal/K$ y al ser un ciclo, tenemos:

$DS_{AB} + DS_{BC} + DS_{CA} = DS_T = 0$

40: evolución del calor en un ciclo

Se tienen **8 kg** de oxígeno en un estado determinado por:

$P_A = 2atm$ y $T_A = 400K$

Se deja expansionarse adiabáticamente hasta un estado **B** donde: $P_B = 1atm$

Luego se calienta a presión constante hasta un estado **C** en el cual: $T_C = T_A$

Finalmente se comprime isobáricamente hasta el estado inicial.

Se requiere:

a) Representar la transformación en un diagrama **P-V**

b) Deducir el calor cedido o absorbido en cada transformación.

SOLUCIONES:

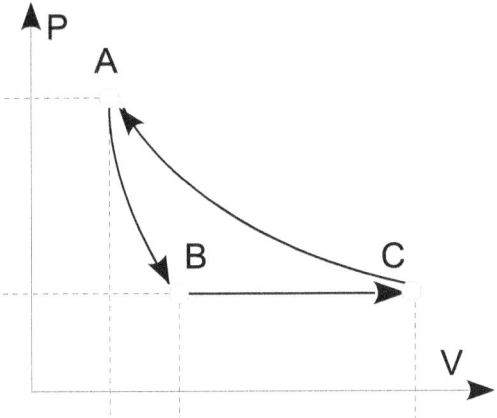

a)
- **AB** es Adiabática
- **BC** es Isobara
- **CA** es Isoterma

b)

$Q_{AB}=0$

$Q_{BC}=nC_p dT_{BC}$ con:

$n=\dfrac{8.000}{32}=250\text{mol} \Rightarrow Q_{BC}=250*\dfrac{7}{2}*2(T_C-T_B)$ y donde:

$T_B=T_A(\dfrac{P_B}{P_A})^{\frac{\gamma-1}{\gamma}}=400*(\dfrac{1}{2})^{\frac{0,4}{1,4}}=328\text{K} \Rightarrow DT=400-328=72\text{K} \Rightarrow$

$Q_{BC}=250*7*72 \Rightarrow \boldsymbol{Q_{BC}=125kcal}$

$Q_{CA}=W_{CA}=\int_C^A PdV=nRT_A\ln\dfrac{V_A}{V_C}=250*2*400\ln 0,5 \Rightarrow$

$\boldsymbol{Q_{CA}=-1,38*10^5\,cal}$

41: transformación reversible

Un recipiente de **20l** contiene un gas diatómico a la presión de **120atm** y a una temperatura de **20ºC** Se hace una transformación reversible hasta alcanzar un volumen de **40l**

Calcular:

a) El peso del gas contenido en el recipiente si el gas es **Nitrógeno**.

b) El trabajo realizado, la variación de energía interna, el calor suministrado, la presión y la temperatura final si la transformación es isotérmica.

c) Idem si la transformación es adiabática.

d) Representar la transformaciones en diagramas:
   P-V, P-T y V-T

SOLUCIONES:

a) $PV = nRT \Rightarrow n = \dfrac{PV}{RT} = \dfrac{120*20}{0,082*(273+20)} = 99,9\,mol$ y además:

$m = nM = 99,9*28 \Rightarrow$ **$m = 2,80*10^3\,gr$**

$T = constante = 293K \quad PV = constante \Rightarrow P_A V_A = P_B V_B \Rightarrow$

$P_B = P_A \dfrac{V_B}{V_A} = 120 * \dfrac{20}{40} = 60\,atm$ y por lo tanto, tenemos:

b) $W = \int_A^B PdV = nRT_A \int_A^B \dfrac{dV}{V} = nRT_A \ln\dfrac{V_A}{V_B} = 99,9 * 2 * 293 \ln\dfrac{40}{20} \Rightarrow$

$W = 4,04*10^4\,cal$ y por otra parte tenemos:

$DU = 0$ $\Rightarrow$ $Q = W$ $\Rightarrow$ **$Q = 40,4\,kcal$**

c) $PV^\gamma = constante$, con: $\gamma = \dfrac{7}{5}$ y de esta manera:

$P_A V_A^\gamma = P_B V_B^\gamma \Rightarrow P_B = P_A \left(\dfrac{V_A}{V_B}\right)^\gamma = 45,5\,atm$ y: $T_B = \dfrac{P_B V_B}{nR} = 222K \Rightarrow$

$DU = nC_v DT = nC_v(T_B - T_A) = 99,9 * \dfrac{5}{2} R(-71) \Rightarrow$

$DU = -3,53*10^4\,cal$ y al ser adiabática: **$DQ = 0$**   y por lo tanto:

$W = -DU \Rightarrow$ **$W = 3,53*10^4\,cal$**

d)
AB: Isotérmica

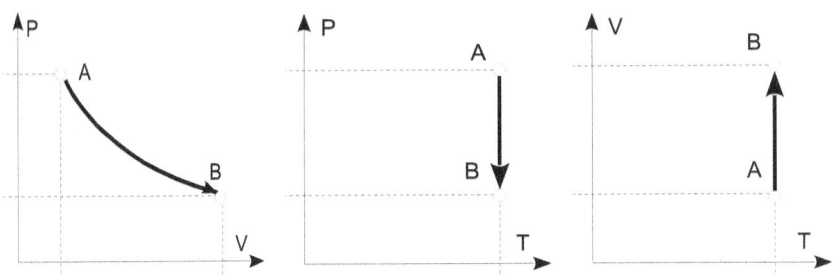

AB: Adiabática

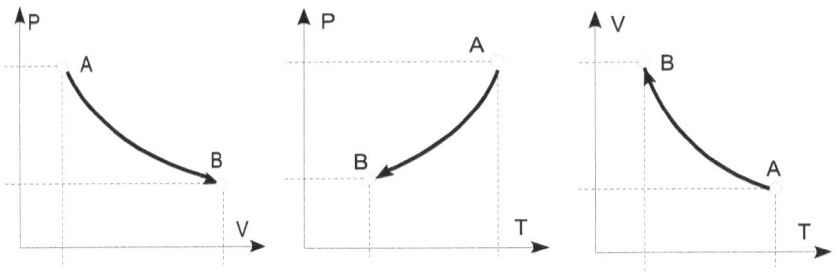

42: cálculo de Q, T, P y gráficas

A un sistema formado por **3,5kg** de aire en el estado: $t_o = 25°C$ y $P_o = 1,75\,atm$ (**estado 0**), se le suministra, a volumen constante, un cantidad de calor **Q**, alcanzando el (**estado 1**) de temperatura T_1 y presión P_1.

Por expansión adiabática, hasta una presión $P_2 = 1,1\,atm$ el sistema vuelve a adquirir la temperatura t_o (**estado 2**).

Calcular los valores de $Q, T_1 \text{ y } P_1$ suponiendo que $C_v = \dfrac{5}{2R}$ y representar gráficamente las transformaciones en los diagramas: **P–V**, **P–T** y **V–T**

SOLUCIONES:

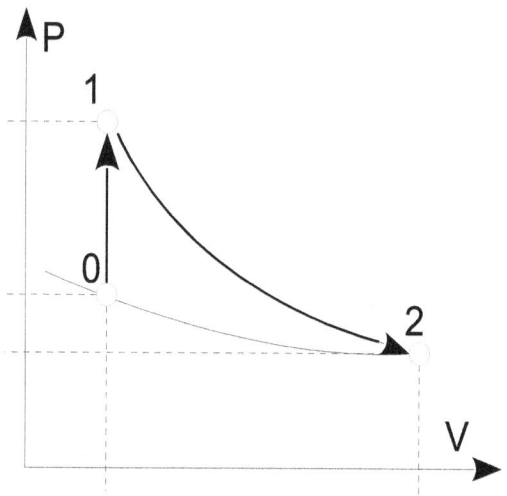

$0 \Rightarrow 1:$ Isocórica
$1 \Rightarrow 2:$ Adiabática
$2 \Rightarrow 0:$ Isotérmica

Las variables de los diferentes estados, se calcuarían como sigue:

$P_o = 1,75\ atm \quad \Rightarrow \quad$ Si el peso molecular del aire es 28,96 entonces:
$n = \dfrac{3.500}{28,96} = 120,8\ mol\ de\ aire$, por lo tanto:

$V_o = nR\dfrac{T_o}{P_o} = 120,8 * 0,082 * \dfrac{298}{1,75} = 1.6871$, y por otro lado tenemos:

$\dfrac{P_o}{T_o} = \dfrac{P_1}{T_1} = \dfrac{1,75}{298} = 5,87*10^{-3}$ y $T_1 P_1^{\frac{1-x}{x}} = T_2 P_2^{\frac{1-x}{x}}$ con: $x = \gamma = \dfrac{7}{5} \Rightarrow$

$T_1 P_1^{\frac{-0,40}{1,40}} = 298 * 1,1^{\frac{-0,40}{1,40}} = 290; \quad \dfrac{P_1}{T_1} = 5,87*10^{-3}; \quad T_1 P_1^{-0,29} = 290 \Rightarrow$

$P_1 = 2,1\ atm\ y\ T_1 = 360K$ *y las representaciones gráficas son:*

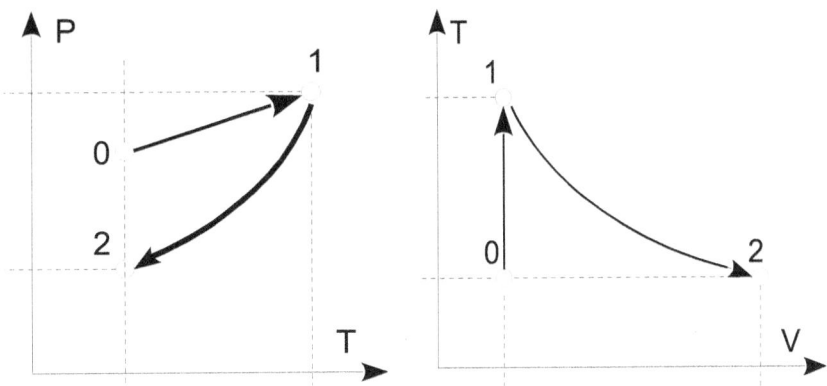

La representación **P-V** está realizada al principio del ejercicio.

$DQ = nC_v DT$ con $n = 120,8\,mol$ y $DT = 360 - 298 = 62K$ y

$C_v = \frac{5}{2} R = 5\,cal/Kmol$ ⇒ $DQ = 120,8 * 5 * 62$ y así:

$DQ = 3,74 * 10^4\,cal$

43: variación de entropía del Universo

Calcular la variación de entropía del sistema y Universo cuando **2kg** de agua a **60ºC** se ponen en contacto con el mar, cuya temperatura media es de **15ºC**

SOLUCIÓN:

$DS'' = \int_{60}^{15} \frac{\delta Q}{T} = \int_{1}^{2} mc \frac{dT}{T} = mc \ln \frac{T_2}{T_1} = 2 * 1 * \ln \frac{273 + 15}{273 + 60} = -0,29\,kcal/K$

$DS' = \frac{1}{T} \int \delta Q = \frac{1}{T_2} mc(T_1 - T_2) = 2 * 1 * \frac{(333 - 288)}{288} = 0,31\,kcal/K$ ⇒

$DS_T = DS' - DS''$ ⇒ **$DS_T = 0,02\,kcal/K$**

| 44: entalpía,entropía en procesos complejos |

Un sistema formado por **3mol** de un gas ideal diatómico, se someten a los procesos siguientes:

1. Se calienta a volumen constante hasta que la presión se hace el doble de la inicial, esto es: $P_1=2P_o$
2. Se calienta a presión constante hasta la temperatura de **387ºC**
3. Sufre una expansión adiabática hasta que la temperatura es $T=T_o$
4. Se comprime isotérmicamente hasta que la presión es la inicial y también la temperatura con: $P_o=1atm$ y $T_o=17ºC$

Se necesita:

a) Representar el proceso en un diagrama **P-V**

b) Calcular, para cada proceso, el calor, trabajo, variación de energía interna, variación de entalpía y entropía producidas.

c) Calcular el rendimiento de un máquina que funcione según tal ciclo.

SOLUCIONES:

a) $C_p-C_v=R \Rightarrow C_v=C_p-R$ y como: $R=2cal/mol.K \Rightarrow$
$C_v=21,0+29,82*10^{-3}T+7,81*10^{-6}T^2$

$\delta Q=dU+PdV$ y como: $dV=0 \Rightarrow \delta Q=dU=nC_vT \Rightarrow$

$Q=\int_{T_i}^{T_f} nC_v dT$ y $n=\dfrac{100}{44}=2,27\,mol$ y por lo tanto:

$Q=2,27*\int_{297}^{498}(21,0+29,82*10^{-3}T+7,81*10^{-6}T^2)dT=1,56*10^4 J \Rightarrow$

$Q=3,7\,kcal$

Ejercicios de Física: 4 Calorimetría y Termodinámica

$Si\ P=constante \Rightarrow \delta Q=nC_p dT$ y por lo tanto:

b) $Q=\int_{297}^{498} nC_p dT = 2,27*\int (29,35+29,82*10^{-3}T+7,81*10^{-6}T^2)dT \Rightarrow$

$Q=4.681 cal$

45: capacidad calorífica del CO_2

Para el CO_2 la capacidad calorífica a presión constante viene dada por:

$$C_p = 29,35+29,82*10^{-3}T+7,81*10^{-6}T^2\ J/mol.K$$

Calcular la cantidad de calor necesario para elevar la temperatura de **100gr** de CO_2 desde **24ºC** hasta **225ºC**, en las siguientes condiciones:

a) A volumen constante.

b) A presión constante.

SOLUCIONES:

a)
$C_p - C_v = R \Rightarrow C_v = C_p - R$ y como: $R=2 cal/mol.K \Rightarrow$
$C_v = 21,0+29,82*10^{-3}T+7,81*10^{-6}T^2$ por otra parte:

$\delta Q = dU+PdV$ y como: $dV=0 \Rightarrow \delta Q = dU = nC_v dT$ con:

$Q=\int_{T_i}^{T_f} nC_v dT$ y: $n=\dfrac{100}{44}=2,27\ mol$ y de esta manera:

$Q=2,27\int_{297}^{498}(21,0+29,82*10^{-3}T+7,81*10^{-6}T^2)dT \Rightarrow$

$Q=1,56*10^4 J \Rightarrow Q=3,7\ kcal$

Si $P = constante \Rightarrow \delta Q = nC_p dT$ y por lo tanto:

b) $Q = \int_{297}^{498} nC_p dT = 2,27 \int_{297}^{498} (29,35 + 29,82 * 10^{-3} T + 7,81 * 10^{-6} T^2) dT \Rightarrow$

$Q = 4.681 cal$

46: trabajo para disminuir el volumen

Sabiendo que **2kg** de oxígeno ocupan un volumen de **4m³** a una temperatura de **20ºC**

Calcular:

1) El trabajo necesario para hacer disminuir el volumen hasta **2m³** en los siguientes casos:

    a)   A presión constante.

    b)   A temperatura constante.

2) ¿Cuál es la temperatura final en el caso **a)**?

¿y la presión en el caso **b)**?

Representar los procesos en un diagrama **P-V**

SOLUCIONES:

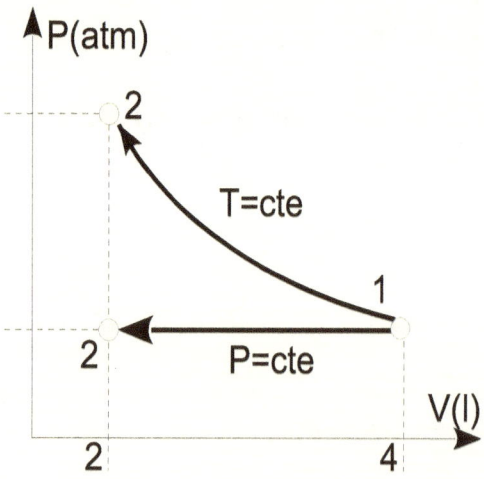

Ejercicios de Física: 4 Calorimetría y Termodinámica

1)

a)
$$W = \int_{V_i}^{V_f} P\,dV = P(V_f - V_i)$$
$$PV = nRT \Rightarrow P = nR\frac{T}{V} = \frac{2.000}{32} R\frac{293}{4.000} \Rightarrow$$
$$P = 0,375\, atm \Rightarrow W = 0,375(2.000 - 4.000) \Rightarrow$$

$$W = -75,75\, kJ$$

b)
$$W = \int_{V_i}^{V_f} P\,dV = \int_{V_i}^{V_f} nR\frac{T}{V}\,dV = nRT \ln\frac{V_f}{V_i} = \frac{2.000}{32} * 0,082 * 293 * 2,3 \log\frac{V_f}{V_i} \Rightarrow$$

$$W = -105,04\, kJ$$

2)

$$P_1\frac{V_1}{T_1} = P_2\frac{V_2}{T_2} \quad y\ como:\quad P_1 = P_2 \quad entonces:\quad \frac{V_1}{T_1} = \frac{V_2}{T_2} \Rightarrow$$

$$T_2 = V_2\frac{T_1}{V_1} = 2.000 * \frac{293}{4.000} \Rightarrow T_2 = 146,5\, K \quad y\ finalmente:$$

$$P_1\frac{V_1}{T_1} = P_2\frac{V_2}{T_2} \quad y\ como:\quad T_1 = T_2 \Rightarrow P_1 V_1 = P_2 V_2 \Rightarrow$$

$$P_2 = 0,375 * \frac{4.000}{2.000} \Rightarrow P_2 = 0,75\, atm$$

47: expansión isotérmica, trabajo entregado

Se calienta un gas ideal desde presión inicial P_I hasta duplicarla, permaneciendo constante el volumen inicial V_I

Posteriormente, dicho gas sufre una expansión isotérmica hasta que la presión alcanza su valor inicial. Después se reduce el volumen, a presión constante, hasta que su valor vuelve al inicial. Se pide:

a) Representar las transformaciones en diagramas del tipo **P-V** y **P-T**

b) Calcular el trabajo que se entrega en las transformaciones si $P_1 = 1 atm$ y $V_1 = 2m^3$

SOLUCIONES:

a)

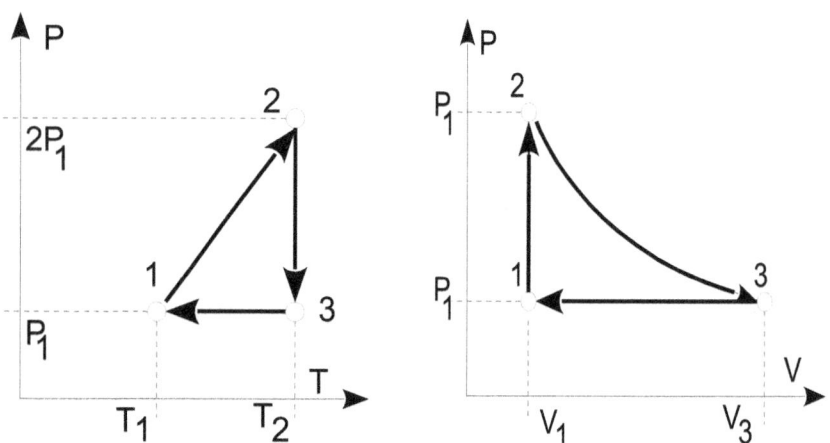

b) Como V=constante en la transformación 1,2 entonces dV=0, así:

$W_{1,2} = 0$

$$W_{2,3} = \int_{V_2}^{V_3} PdV = \int_{V_2}^{V_3} nR\frac{T}{V}dV = nRT \ln\frac{V_3}{V_2} \quad y\,como:$$

$$P_2 V_2 \ln\frac{V_3}{V_2} = 2P_1 V_2 * 2,3 * \log\frac{V_3}{V_2} \quad con: \quad V_1 = 2.000l \Rightarrow V_3 = 2V_1 = 4.000l \Rightarrow$$

$$P_2 \frac{V_2}{T_2} = P_3 \frac{V_3}{T_3} \quad con: \quad T_2 = T_3 \Rightarrow P_2 V_2 = P_3 V_3 \quad y\,de\,esta\,manera:$$

$$W_{2,3}=2*1*2.000*2,3*\log\frac{4.000}{2.000} \Rightarrow W_{2,3}=2,8*10^5 J$$

$$W_{3,1}=P\int_{2}^{1} dV=P(V_1-V_3)=P(V_1-2V_1)=-P_1V_1 \quad y\,así:$$

$$W_{3,1}=-2,02*10^5 J$$

48: calor, trabajo y energía interna

1 mol de un gas ideal se calienta desde **0ºC a 100ºC** del siguiente modo:

a) A presión constante de **1atm**
b) A volumen constante de **22,4l**

Calcular en caso:

1) El calor absorbido.
2) El trabajo realizado por el gas.
3) La variación de energía interna.

Datos: $C_p=10 cal/mol.K$ y $R=2,0 cal/mol.K$

SOLUCIONES:

1) $Q=nC_p dT=1*10*(100-0) \Rightarrow Q=1.000 cal$

a)
2) $W=P(V_2-V_1)$ con: $V_2=nR\dfrac{T_2}{P_2}=1*0,082*\dfrac{373}{1}=30,59 l \Rightarrow$
$W=1*(30,59-22,4) \Rightarrow W=198 cal$

3) $DU=nC_v dT=1*(10-2)*100 \Rightarrow DU=800 cal$

1) $Si\ V = constante \Rightarrow Q = nC_v dT = 1*8*100$ y así:
$Q = 800\ cal$

b)
2) $Si\ V = constante \Rightarrow DV = 0 \Rightarrow W = 0$

3) $Si\ V = constante \Rightarrow DU = Q \Rightarrow DU = 800\ cal$

49: calor y trabajo netos

1 mol de un gas ideal a **0ºC** y **1atm** se comprime reversible y adiabáticamente hasta que su temperatura aumenta a **10ºC**

A continuación se expande reversible e isotérmicamente hasta la presión de **1atm**

Calcular:

a) La presión después del primer proceso.

b) La variación total de energía interna.

c) El calor neto absorbido y el trabajo neto realizado por el gas.

Dato: $C_v = 4,9\ cal/mol.K$

SOLUCIONES:

a) *Al ser un gas ideal se cumple que*:
$DS = S_f - S_i = C_p \ln \dfrac{T_f}{T_i} - R \ln \dfrac{P_f}{P_i}$ *y por ser el proceso reversible y adiabático*: $DS = 0 \Rightarrow C_p \ln \dfrac{T_f}{T_i} = R \ln \dfrac{P_f}{P_i}$ *y por lo tanto*:

$6,9 * \log \dfrac{283}{273} = 2 * \log \dfrac{P_f}{1} \Rightarrow P_f = 1,132\ atm$

Ejercicios de Física: 4 Calorimetría y Termodinámica

b) $DU_1 = nC_v DT = 1*4,9*10 = 49$ cal   *para el primer proceso*.
En el siguiente proceso: $DT = 0 \Rightarrow DU_2 = 0$ *y con*:
$DU = DU_1 + DU_2 = DU_1 \Rightarrow$ **$DU = 49$ cal**

c) $\delta Q = DU + W$ *y como el primer proceso es adiabático*: $Q_1 = 0$ *así*:
$DU_1 = -W_1 \Rightarrow W_1 = -49$ cal *y como*: $DU_2 = 0 \Rightarrow Q_2 = W_2 \Rightarrow$
$W = \int_{V_i}^{V_f} PdV \Rightarrow W_2 = \int_{V_i}^{V_f} pdV = RT \ln\frac{V_f}{V_i} = RT \ln\frac{P_i}{P_f} \Rightarrow$
$W_2 = 70,2$ cal *y como*: $W_T = W_1 + W_2 = -49 + 70,2 \Rightarrow$
$W_T = 21,2$ cal

50: trabajo realizado por un gas

Un gas ideal diatómico es sometido a los procesos indicados en la figura siguiente.

En el punto **a** la temperatura es de **27ºC** la presión **3atm** y el volumen **8.000l** La curva **ac** es una isoterma y el volumen en **c** es el triple que en **a** El proceso **ab** es adiabático.

Calcular:

a) La temperatura en **b**

b) El trabajo realizado por el gas en los tres procesos.

SOLUCIONES:

Construimos una tabla con las coordenadas de cada punto:

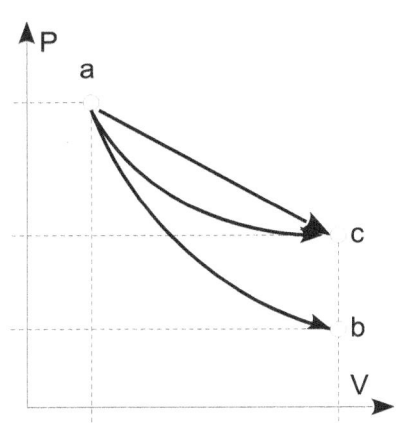

Punto:	P(atm)	V(l)	T(K)
a	3	8.000	300
b	*0,65*	24.000	*195*
c	1	24.000	300

Donde los resultados en cursiva, se han calculado con:
$\dfrac{P_a V_a}{P_c V_c} = \dfrac{T_a}{T_c}$ y como: $T_a = T_c \Rightarrow$

$P_a V_a = P_c V_c \Rightarrow P_c = \dfrac{3*8.000}{24.000} = 1\,\text{atm}$ y por otro lado:

$P_a V_a^\gamma = P_b V_b^\gamma$ y como el gas es diatómico, entonces: $\gamma = 1,4$ y así:
$3*8.000^{1,4} = P_b \, 24.000^{1,4} \Rightarrow P_b = 0,65\,atm$

a) $\dfrac{P_b V_b}{P_c V_c} = \dfrac{T_b}{T_c}$ con: $V_b = V_c \Rightarrow T_b = T_c \dfrac{P_b}{P_c} \Rightarrow$ **$T_b = 195 K$**

b) $Q_{ab} = 0 \Rightarrow W_{ab} = -DU_{ab} = -C_v n(T_b - T_a)$ y por otro lado:
$P_a V_a = nRT_a \Rightarrow n = \dfrac{3*8.000}{0,082*300} = 975,6\,mol$ y por lo tanto:

$W_{ab} = -975,6 * \dfrac{5}{2} R(195 - 300) \Rightarrow$ **$W_{ab} = 2,14*10^6 J$**

$W_{ac} = nRT_a \ln \dfrac{V_c}{V_a} = P_a V_a \ln \dfrac{24.000}{8.000} \Rightarrow$ **$W_{ac} = 2,6*10^6 J$**

En el caso del proceso lineal sucede que: W'_{ac} = área del rectángulo + área del triángulo representados en la figura siguiente:

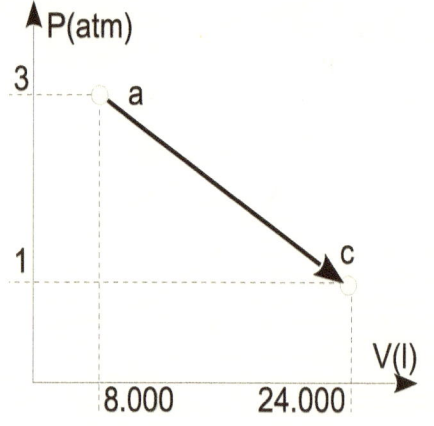

$W'_{ac} = 1*(24.000 - 8.000) + \dfrac{(24.000 - 8.000)*2}{2} \Rightarrow$

$W'_{ac} = 3,23*10^6 J$

51: varios tipos de expansiones

$100 cm^3$ de aire seco a **5 ºC** y **5atm**, se expansionan hasta que la presión desciende a **1atm** Calcular el volumen y la temperatura final si la expansión es:

a) Isotérmica.

b) Adiabática.

c) Calcular el trabajo realizado en ambos casos.

SOLUCIONES:

a)
$$PV = nRT \Rightarrow n = 0,021\, mol \quad P_f \frac{V_f}{T_f} = P_i \frac{V_i}{T_i} \quad y\, como: T_f = T_i \Rightarrow$$
$$V_f = \frac{5*01}{1} \Rightarrow V_f = 0,5\, l \quad y \quad T_f = 278K$$

b)
$$P_i V_i^\gamma = P_f V_f^\gamma \quad y\, como\, el\, gas\, es\, diatómico, \gamma = 1,4 \quad y\, así:$$
$$5*0,10^{1,4} = 1 * V_f^{1,4} \Rightarrow V_f = 0,311\, l$$
$$P_f \frac{V_f}{T_f} = P_i \frac{V_i}{T_i} \Rightarrow T_f = T_i \frac{P_f V_f}{P_i V_i} \Rightarrow T_f = 172K$$

El proceso se representa en la gráfica siguiente:

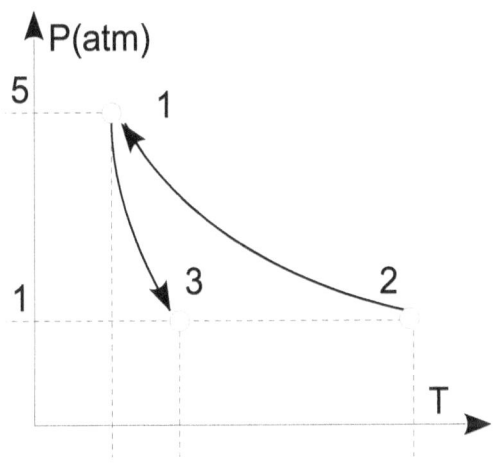

> 52: rendimiento térmico de una máquina

El ciclo de la figura es descrito por **1mol** de un gas ideal diatómico.

Siendo:

$P_2 = 10atm$; $P_1 = 4atm$
y $V_1 = 2,5 l$

Calcular:

a) La temperatura en el punto **b**

b) El rendimiento térmico de una máquina que funcione según dicho ciclo.

SOLUCIONES:

a) Veamos la tabla de valores:

Punto:	T(K)	P(atm)	V(l)
a	**305**	10	2,5
b	**235**	4	**4,82**
c	**122**	4	2,5

Donde los valores en cursiva se han calculado como sigue:

$P_a V_a = nRT_a \Rightarrow T_a = P_a V_a nR = \dfrac{10*2,5}{1*0,082} \Rightarrow T_a = 305K$

$P_a V_a^\gamma = P_b V_b^\gamma$ y como: $\gamma = 1,4 \Rightarrow 10*2*5^{1,4} = 4 V_b^{1,4} \Rightarrow V_b = 4,82 l$

$T_b = P_b \dfrac{V_b}{nR} = \dfrac{4*4,82}{1*0,082} \Rightarrow T_b = 235K$

$T_c = P_c \dfrac{V_c}{nR} = \dfrac{4*2,5}{1*0,082} \Rightarrow T_c = 122K$

Ejercicios de Física: 4 Calorimetría y Termodinámica

b) Como el proceso ab es adiabático, entonces:

$$\left. \begin{array}{l} Q_{ab}=0 \\ Q_{bc}=nC_p(T_c-T_b)=1*\dfrac{7}{2}R(122-235)=-791\text{cal} \\ Q_{ca}=nC_v(T_a-T_c)=1*\dfrac{5}{2}R(305-122)=915\text{cal} \end{array} \right\} \Rightarrow$$

$Rendimiento=\dfrac{W}{Q_1}=\dfrac{Q_1-Q_2}{Q_1}$ en donde:
$Q_1=$ cantidad total de calor absorbido (positivo) y
$Q_2=$ cantidad total de calor cedido (negativo).
Entonces:
$Q_1=Q_{ca}=915\text{cal}$; $Q_2=|Q_{bc}|=791\text{cal}$ y así:

$Rendimiento=\dfrac{915-791}{915}*100$ ⇒ **Rendimiento = 13,6 %**

53: eficacia de una máquina frigorífica

64 gr de oxígeno a la presión de $P=4atm$ y $T=27°C$ se someten a los siguientes procesos:

1) Enfriamiento a volumen constante hasta reducir la presión a la mitad.
2) Calentamiento a presión constante hasta duplicar su volumen.
3) Compresión isotérmica hasta llegar a las condiciones iniciales.

Calcular la eficacia de una máquina frigorífica que funcione según tal ciclo.

SOLUCIÓN:

Comenzaremos haciendo una representación gráfica y una tabla de valores:

Punto	P(atm)	V(l)	T(K)
a	4	*12,3*	300
b	2	*12,3*	150
c	2	*24,6*	300

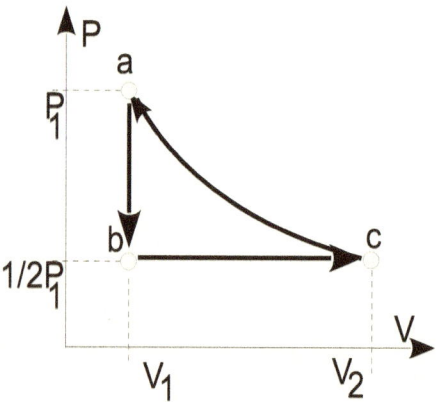

Los valores en cursiva se calcularon del siguiente modo:

$$n=\frac{64}{32}=2\,\text{mol} \Rightarrow V_a=nR\frac{T_a}{P_a}=2*0{,}082*\frac{300}{4}=12{,}3\,l=V_b$$

$V_c=2V_a=2*12{,}3=24{,}6\,l$ y por otra parte:

$$Q_{ab}=nC_v(T_b-T_a)=2*\frac{5}{2}R(150-300)=-1.500\,\text{cal}$$

$$Q_{bc}=nC_p(T_c-T_b)=2*\frac{7}{2}R(300-150)=2.100\,cal$$

$$Q_{ca}=nRT\ln\frac{V_a}{V_c}=2*2*300\ln\frac{12{,}3}{24{,}6}=-831{,}7\,cal$$

y como:

$$eficacia=e=\frac{Q_2}{Q_1-Q_2} \quad donde:$$

Q_1: es el calor cedido al foco caliente (calor negativo pero tomando su valor asbsoluto)
Q_2: es el calor abosrbido al foco frío (calor con signo postivo)

$Q_1=|Q_{ab}|+|Q_{ca}|=2.330{,}7\,cal$ de donde: $e=\dfrac{2.100}{2.330{,}7-2.100} \Rightarrow$

eficacia=9,14

54: rendimiento de ciclo en Motor de Carnot

Un motor de Carnot que opera siguiendo un ciclo, toma **200cal** de un foco de temperatura **500K** y cede **160cal** al foco frío.

    a) ¿Cuál será la temperatura del foco frío?.

    b) ¿Cuál será el rendimiento del ciclo?.

SOLUCIONES:

Si: Q_1 = calor extraído al foco caliente.
Q_2 = calor cedido al foco frío

a) $Q_1 = W + Q_2$ ⇒ $W = Q_1 - Q_2$ ⇒ $Rendimiento = \dfrac{Q_1 - Q_2}{Q_1}$

Y como el motor es de Carnot ⇒ $\dfrac{Q_1}{Q_2} = \dfrac{T_1}{T_2}$ ⇒ $T_2 = Q_2 \dfrac{T_1}{Q_1} = 160 * \dfrac{500}{200}$

Y así: $T_2 = 400K$

b) Si $T_2 = 400K$ ⇒ $Rend = \dfrac{200-160}{200}$ y además:

$Rendimiento = \dfrac{T_1 - T_2}{T_1} = \dfrac{500-400}{500}$ Y así: **Rendimiento = 20**

55: energía suministrada a un frigorífico

Una máquina frigorífica, que funciona según un ciclo de Carnot, convierte en hielo a **0ºC** a **100Kg** de agua a **27ºC** y cede el calor extraído a una habitación a **27ºC**

    ¿Cuánto calor se entrega a la habitación?.

    ¿Qué cantidad de energía ha de suministrarse al frigorífico?.

    ¿Cuál es la eficacia de la máquina?.

    Datos: $L_f = 80 cal/gr$; $c_a = 1 cal/gr.ºC$

SOLUCIONES:

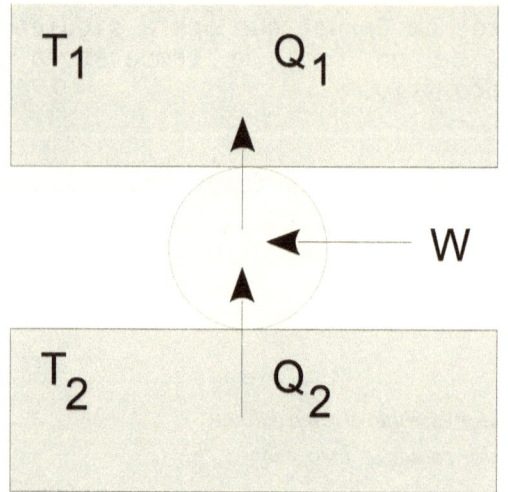

Se puede representar a la máquina como la figura adjunta, donde:

$Q_1 =$ *calor cedido al foco caliente.*
$Q_2 =$ *calor absorbido del foco frío.*
$W =$ *energía que debe darse al frigorífico.* $\Rightarrow$
$T_1 = 300K$; $T_2 = 273K$
$Q = mc_a(T_i - T_f) + mL_f$

$Q_2 = 100*10^3*1*(300-273) + 100*10^3*80 = 1,07*10^7 cal$

Y al ser un motor de Carnot: $\dfrac{Q_1}{Q_2} = \dfrac{T_1}{T_2}$ $\Rightarrow$ $Q_1 = Q_2\dfrac{T_1}{T_2} = 1,07*10^7*\dfrac{300}{273}$ $\Rightarrow$

$Q_1 = 1,18*10^7 cal$

$W = Q_1 - Q_2 = (1,18 - 1,07)*10^7$ $\Rightarrow$ **$W = 1,1*10^6 cal$**   Finalmente:

$eficacia = \dfrac{Q_2}{W} = \dfrac{Q_2}{Q_1 - Q_2}$ $\Rightarrow$ **$eficacia = 9,75$**

56: rendimiento, potencia y Máquinas Carnot

1Mol de gas perfecto monoatómico, con *ɣ=1,67* describe un Ciclo de Carnot.

Conociendo los siguientes datos del diagrama **P-V**

Punto a: $V_a = 10l$; $T_a = 227°C$
Punto b: $P_b = 2,05 atm$; $T_b = 227°C$
Punto c: $V_c = 40l$

Calcular el rendimiento y la potencia de una máquina que funcione según tal ciclo durante **60s**

SOLUCIÓN:

Construimos la tabla de transiciones y vértices y un diagrama:

Punto	a	b	c	d
V(l)	10	**20**	40	**20**
T(K)	500	500	**314**	**314**
P(atm)	**4,1**	2,05	—	—

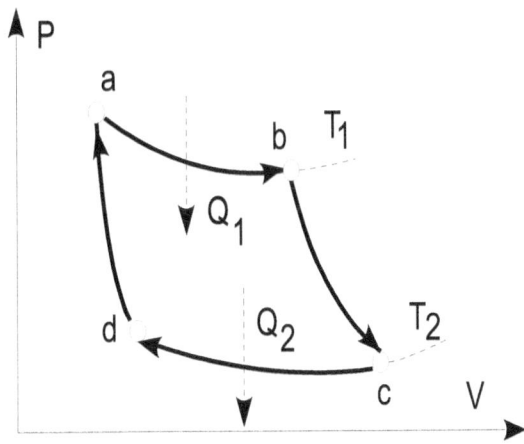

Donde P_c y P_d no son necesarios para resolver el problema y donde los datos en negrita se han calculado de la siguiente manera:

$$P_a V_a = nRT_a \Rightarrow P_a = nR\frac{T_a}{V_a} = 1*0,082*\frac{500}{10} = 4,1 \, atm$$

$$P_b V_b = nRT_b \Rightarrow V_b = nR\frac{T_b}{P_b} = 1*0,082*\frac{500}{2,05} = 20l$$

Y como en todo ciclo de Carnot se cumple que: $\quad V_a V_c = V_b V_d \quad$ entonces:

$$V_d = V_a \frac{V_c}{V_b} = 10*\frac{40}{20} = 20l \quad \text{y por otra parte tenemos que:}$$

$$T_1 V_b^{\gamma-1} = T_2 V_c^{\gamma-1} \Rightarrow 500*20^{0,67} = T_2 40^{0,67} \Rightarrow T_2 = 314K \quad \text{así:}$$

$$Rendimiento = \frac{T_1 - T_2}{T_1} = \frac{500-314}{500} \quad \text{y de esta manera tenemos que:}$$

Rendimiento = 37,2 %

Por otra parte: $\quad Rendimiento = \frac{W}{Q_1} \quad$ donde Q_1 es el calor de intercambio con el foco caliente, esto es, el calor absorbido en el proceso a, b. Así:

$$Q_1 = Q_{absorbido} = nRT \ln\frac{V_b}{V_a} = 690 cal \quad \text{y de esta manera:}$$

$$W = Rendimiento*Q_1 = 0,372*690 = 1.074J \quad \text{y como:} \quad P = \frac{W}{t} = \frac{1.074}{60} \Rightarrow$$

P = 17,9 W

57: eficiencia máquinas con un gas perfecto

Un gas perfecto biatómico está inicialmente a la presión de **8atm** y ocupa un volumen de **$2m^3$** a la temperatura de **27ºC**.

Se expande isotérmicamente hasta que su volumen se triplica, seguidamente se comprime adiabáticamente hasta la presión inicial y por último, se comprime isobáricamente hasta las condiciones iniciales.

Calcular:

a) La eficiencia de la máquina frigorífica que funcionara según tal ciclo.

b) Una máquina frigorífica que sea de Carnot y que funcione entre las temperaturas extremas del ciclo, ¿qué eficiencia tendría?.

Dibujar el diagrama **P-V** del ciclo.

SOLUCIONES:

Punto	1	2	3
P(atm)	8	$\frac{8}{3}$	8
V(l)	2.000	6.000	*2.740*
T(K)	300	300	*411*

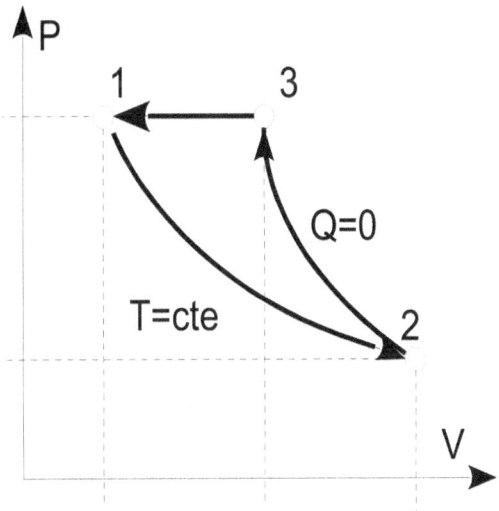

Donde los valores en cursiva han sido hallados como:

$$P_1V_1=P_2V_2 \Rightarrow P_2=P_1\frac{V_1}{V_2}=\frac{8*2.000}{6.000}=\frac{8}{3}atm \quad y\ por\ otro\ lado:$$

a)
$$P_2V_2^\gamma=P_3V_3^\gamma \Rightarrow \frac{8}{3}*6.000^{1,4}=8V_3^{1,4} \Rightarrow V_3=2.740l$$

$$T_3=P_3V_3\frac{T_1}{P_1V_1} \quad y\ como:\ P_3=P_1 \Rightarrow T_3=V_3\frac{T_1}{V_1}=\frac{300*2.740}{2.000}=411K$$

Proceso 1−2:
$$Q_{1,2}=nRT\ln\frac{V_2}{V_1}=\frac{P_1V_1}{T_1R}RT\ln\frac{V_2}{V_1} \quad y\ como:\quad n=\frac{8*2.000}{300*0,082}=650\text{mol} \Rightarrow$$
$$Q_{1,2}=650*1,98*300\ln\frac{6.000}{2.000}=423,7\,kcal$$

Proceso 2−3:
$$Q_{2,3}=0$$

Proceso 3−1:
$$Q_{3,1}=DU_{3,1}+W_{3,1}=nC_v(T_1-T_3)+P(V_1-V_3) \Rightarrow$$
$$Q_{3,1}=650*\frac{5}{2}R(300-411)+8*(2.000-2.740)=-504,01\,kcal \Rightarrow$$

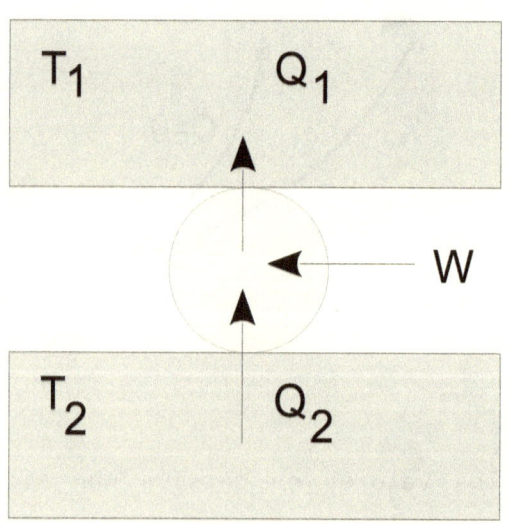

$Si\ Q_1 = calor\ cedido$
$Si\ Q_2 = calor\ absorbido$
$W = Q_1 - Q_2$
$Q_1 = |Q_{3,1}|$
$Q_2 = |Q_{1,2}|$

$\Rightarrow e = \dfrac{Q_2}{Q_1 - Q_2} = \dfrac{423,7}{504,01 - 423,7} \Rightarrow$

$e = 5,27$

b) Y si fuera una Máquina de Carnot, entonces las temperaturas extremas serían:

$T_1 = 300K$ y $T_3 = 411K \Rightarrow e = \dfrac{300}{411 - 300} \Rightarrow e = 2,7$

58: trabajo, calor y energía interna

1 mol de un gas ideal biatómico sufre una expansión desde una presión inicial de **10atm** a una final de **1atm** de acuerdo con los siguientes procesos:

    a) A volumen constante.

    b) A temperatura constante.

    c) Adiabáticamente.

Representar los procesos en un diagrama **P-V**

Calcular en cada uno de estos procesos y en función de la temperatura inicial T_a :

- el trabajo realizado.
- el calor intercambiado.
- la variación de entropía y de la energía interna.

SOLUCIONES:

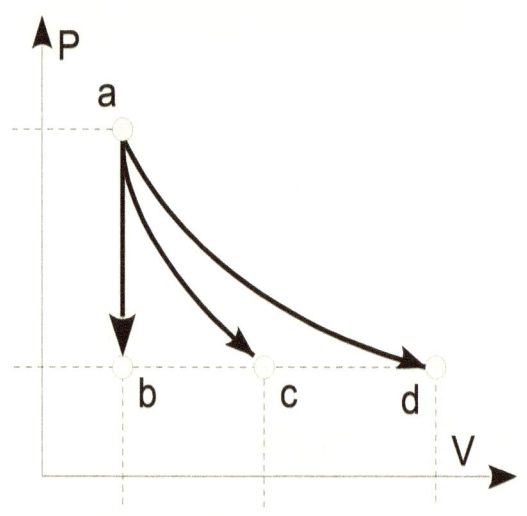

$P_a = 10\,\text{atm}$; $P_b = P_c = P_d = 1\,\text{atm}$
y por lo tanto:

Proceso ab ($V = $ constante)

$T_a = 10 T_b$ y como: $V = $ constante
$W_{ab} = 0$
$DU_{ab} = nC_v(T_b - T_a) = \frac{5}{2} R(-9T_b) = -45 T_b$
$\Rightarrow$ $DU_{ab} = -4,5 T_a$ y por lo tanto:

$DU_{ab} = -4,47\,cal = Q_{ab}$ y finalmente:
$DS_{ab} = \int_{T_a}^{T_b} \delta\frac{Q}{T} = \int_{T_a}^{T_b} nC_v \frac{dT}{T} = nC_v \ln\frac{T_b}{T_a} = 1 * \frac{5}{2} R \ln\frac{T_b}{T_a} = \frac{5}{2} R \ln(0,1)$ $\Rightarrow$
$DS_{ab} = -11,51\,cal/K$

Proceso ac ($T = $ constante)

Como: $DT = 0$ $\Rightarrow$ $DU_{ac} = 0$ $\Rightarrow$ $Q_{ac} = W_{ac} = nRT \ln\frac{V_c}{V_a}$ $\Rightarrow$

Ejercicios de Física: 4 Calorimetría y Termodinámica

$$W_{ac} = nRT\ln\frac{P_a}{P_c} = RT_a\ln(10) \Rightarrow W_{ac} = Q_{ac} = 4,6\,T_a\,cal$$

$$DS_{ac} = \frac{1}{T}\int \delta Q = \frac{Q}{T} = 4,6*\frac{T_a}{T_a} \Rightarrow DS_{ac} = 4,6\,cal/K$$

Proceso ad $(Q=0)$
$DU_{ad} = -W_{ad} = nC_v(T_d - T_a)$ y como: $P_a V_a^\gamma = P_d V_d^\gamma$ con:
$P_a V_a = nrT_a$ y: $P_d V_d = nRT_d \Rightarrow V_a^\gamma = \left(nR\frac{T_a}{P_a}\right)^\gamma$ y entonces:

$$V_d^\gamma = \left(nR\frac{T_d}{P_d}\right)^\gamma \Rightarrow \frac{P_a}{P_a^\gamma}(nR)^\gamma T_a^\gamma = \frac{P_d}{P_d^\gamma}(nR)^\gamma T_d^\gamma = P_a^{\gamma-1} T_a^\gamma = P_d^{\gamma-1} T_d^\gamma =$$

$$= P_a^{\frac{\gamma-1}{\gamma}} T_a = P_d^{\frac{\gamma-1}{\gamma}} T_d \Rightarrow 10^{\frac{-0,4}{1,4}} T_a = T_d \Rightarrow T_d = 0,52\,T_a \Rightarrow$$

$$DU_{cd} = \frac{5}{2}*1,987*(0,52\,T_a - T_a) \quad \text{y por lo tanto tenemos que:}$$

$DU_{cd} = -2,35\,T_a\,cal = -W_{cd}$
Como $Q_{cd} = 0 \Rightarrow DS_{cd} = 0$

59: variaciones de entalpía y entropía

2mol de un gas ideal monoatómico, inicialmente a **1atm** y **27ºC** sufre las siguientes transformaciones:

1) Proceso a volumen constante hasta duplicar la presión.

2) Proceso adiabático hasta alcanzar un volumen de **300l**

3) Proceso isotérmico hasta llegar a la presión inicial.

4) Proceso isobárico hasta llegar al estado inicial.

Encontrar las coordenadas de cada estado así como una representación en un diagrama **P-V** de cada proceso.

Por último hallar el rendimiento de un motor térmico que funcione según tal ciclo, para lo cual es necesario conocer previamente el calor y el trabajo intercambiados.

Igualmente calcular las variaciones de entalpía, energía interna y entropía.

SOLUCIÓN:

Punto:	1	2	3	4
P(atm)	1	2	0,098	1
V(l)	49,2	49,2	300	29,49
T(K)	300	600	179,82	179,82

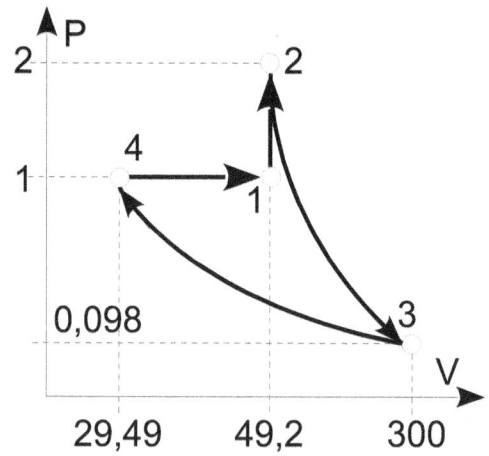

Donde los valores desconocidos, en cursiva, se calcularon como:

$$V_1 = nR\frac{T_1}{P_1} = 49,2\,l; \quad T_2 = P_2\frac{V_2}{nR} = 600\,\text{K}; \quad P_2 V_2^\gamma = P_3 V_3^\gamma \Rightarrow$$

$$P_3 = P_2\left(\frac{V_2}{V_3}\right)^\gamma = 0,098\,atm; \quad T_3 = P_3\frac{V_3}{nR} = 179,82\,K = T_4 \quad y\ por\ último:$$

$$V_4 = nR\frac{T_4}{P_4} = 29,49\,l$$

Proceso 1–2:
$\delta Q = dU + \delta W \quad con: \quad DU_{1,2} = nC_v(T_2 - T_1) \quad y\ por\ lo\ tanto:$
$DU_{1,2} = 1.788,3\ cal$
$W_{1,2} = 0 \Rightarrow Q_{1,2} = DU_{1,2} \Rightarrow Q_{1,2} = 1.788,3\ cal$
$DH_{1,2} = nC_p(T_2 - T_1) \Rightarrow DH_{1,2} = 2.980,5\ cal$
$DS_{1,2} = nC_v \ln\frac{T_2}{T_1} \Rightarrow DS_{1,2} = 4,132\ cal/K$

Proceso 2–3:
$Q_{2,3} = 0 \Rightarrow W_{2,3} = -DU_{2,3} = -nC_v(T_3 - T_2) \quad y\ así:$
$DU_{2,3} = -2.504,712\ cal \Rightarrow W_{2,3} = 2.504,712\ cal$
$DH_{2,3} = nC_p(T_3 - T_2) \Rightarrow DH_{2,3} = -4.174,518\ cal$
$Si\ Q_{2,3} = 0 \quad entonces: \quad DS_{2,3} = 0$

Proceso 3–4:
$DU_{3,4} = 0 \quad y\ también: \quad DH_{3,4} = 0 \quad pues: \quad DT = 0$
Y por otra parte tenemos:

$$W_{3,4} = \int_3^4 PdV = \int_3^4 nRT\frac{dV}{V} = nRT\ln\frac{V_4}{V_3} \Rightarrow W_{3,4} = -1.657,666\ cal \Rightarrow$$

$Q_{3,4} = 1.657,666\ cal \quad por\ otro\ lado: \quad DS_{3,4} = \frac{Q_4 - Q_3}{T} = \frac{Q_{3,4}}{T} \quad y\ así:$
$DS_{3,4} = -9,219\ cal/K$

Proceso 4–1:
$DH_{4,1} = nC_p(T_1 - T_4) \Rightarrow DH_{4,1} = 1.194,018\ cal$
$DU_{4,1} = nC_v(T_1 - T_4) \Rightarrow DU_{4,1} = 716,411\ cal$
$Q_{4,1} = DH_{4,1} \Rightarrow Q_{4,1} = 1.194,081\ cal \Rightarrow W_{4,1} = 477,607\ cal$
$DS_{4,1} = nC_p \ln\frac{T_1}{T_4} \Rightarrow DS_{4,1} = 5,082\ cal/K$

$$Rendimiento = \frac{W}{Q_{absorbido}} * 100 \quad donde:$$
$$W = Q_{absorbido} - Q_{cedido} = 2.972,318 - 1.657,666 \, cal \quad y:$$
$$Q_{absorbido} = 1.778,3 + 1.194,018 = 2.972,318 \, cal \quad entonces:$$

Rendimiento = 44,23 %

$$Si \, el \, motor \, fuera \, de \, Carnot, \, entoces: \quad Rendimiento = \frac{T_1 - T_2}{T_1} \Rightarrow$$

Rendimiento = 70,03 %

Una manera de comprobar que el problema está bien resuelto es:
Comprobar que: $\sum U = \sum H = \sum S = 0$ y para ello:

$$\left.\begin{array}{l} \sum U = 1.778,3 - 2.504,711 + 716,411 \approx 0 \\ \sum H = 2.980,5 - 4.174,518 + 1.194,018 \approx 0 \\ \sum S = 4,132 - 9,219 + 5,085 \approx 0 \end{array}\right\} \Rightarrow \textbf{\textit{Está ok}}$$

Las aproximaciones a cero se producen por los errores de redondeo en resultados parciales y decimales de las constantes.

| 60: procesos con un gas ideal |

3mol de un gas ideal biatómico, inicialmente a **-23ºC** ocupan un volumen de **30,75l**

Se les somete a los siguientes procesos:

a) Proceso isobárico hasta realizar un trabajo de **-30,75atm.l**

b) Proceso lineal, en un diagrama **P-V**, en el que se alcanza el punto donde la presión es de **1atm** y el volumen de **10l**

c) Proceso a volumen constante hasta una temperatura de **1.000K**

d) Proceso adiabático hasta la temperatura inicial.

Ejercicios de Física: 4 Calorimetría y Termodinámica

e) Proceso isotérmico hasta alcanzar le estado inicial.

Calcular:

a) La variación de energía interna, entalpía y entropía, así como el calor intercambiando y el trabajo realizado en cada proceso.

b) El rendimiento de un motor que funcionase según el ciclo descrito anteriormente y en tales condiciones.

SOLUCIONES:

Haremos en primer lugar una tabla con los datos:

Punto:	a	b	c	d	e
P(atm)	2	2	3,1	24,6	0,192
V(l)	30,75	15,38	10	10	320
T(K)	250	125	126,02	1.000	250

Los datos en cursiva fueron calculados como:

$$P_a = nR\frac{T_a}{V_a} = 2\,\text{atm}\,; \quad T_c = P_c\frac{V_c}{nR} = 126{,}02\,K\,; \quad P_d = nR\frac{T_d}{V_d} = 24{,}6\,atm$$

$$P_d V_d^\gamma = P_e V_e^\gamma \quad y\,como: \quad PV = nRT \;\Rightarrow\; nR\frac{T_d}{V_d}V_d^\gamma = nR\frac{T_e}{V_e}V_e^\gamma \;\Rightarrow\;$$

$$T_d V_d^{\gamma-1} = T_e V_e^{\gamma-1} \;\Rightarrow\; V_e = \left(\frac{T_d}{T_e}\right)^{\frac{1}{\gamma-1}} V_d = 320 l\,; \quad P_3 = nR\frac{T_e}{V_e} = 0{,}192\,atm$$

$$W_{ab} = \int_a^b P\,dV = P(V_b - V_a) = -30{,}75 \;\Rightarrow\; V_b = \frac{-30{,}75}{P} + V_a = 17{,}38\,l \;\Rightarrow\;$$

$$T_b = P_b\frac{V_b}{nR} = 125\,K \quad Asi\ el\ diagrama\ P-V\ es:$$

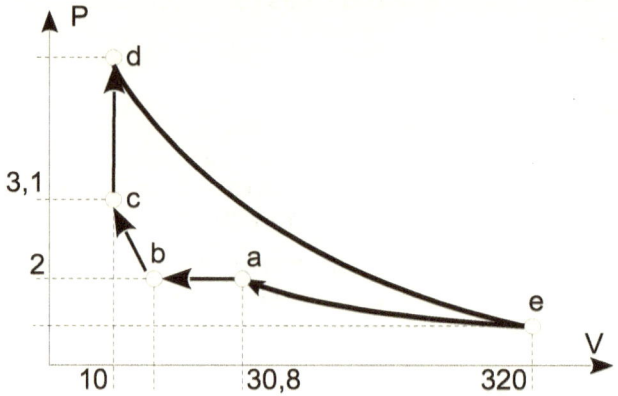

Proceso : ab

$W_{ab} = -30,75\ atm.l \Rightarrow \qquad W_{ab} = -744,15\ cal$
$\delta Q = nC_p dT \Rightarrow \qquad Q_{ab} = H_{ab} = -2.607,103\ cal$
$DU = nC_v dT \Rightarrow \qquad DU_{ab} = -1.862,216\ cal$
$DS_{ab} = \int_a^b \dfrac{\delta Q}{T} = \int_a^b nC_p \dfrac{dT}{T} \Rightarrow DS_{ab} = -14,46\ cal/K$

Proceso : bc

$DU = nC_v DT \Rightarrow DU_{bc} = nC_v(T_c - T_b) \Rightarrow DU_{bc} = 14,60\ cal$
Al ser un proceso lineal entonces: $\quad P - P_c = m(V - V_c) \Rightarrow$
$m = \dfrac{P_c - P_b}{V_c - V_b} = -0,2037 \quad y\ así: \quad P = 5,137 - 0,2037\ V \quad entonces:$
$W_{bc} = \int_b^c (5,137 - 0,2037\ V)\ dV \Rightarrow W_{bc} = -332,678\ cal$
$\delta Q = \delta W + dU \Rightarrow Q_{bc} = -318,078\ cal$

$DH_{bc} = nC_p DT \Rightarrow DH_{bc} = 20,446\ cal$
$DS_{bc} = \int_b^c \dfrac{\delta Q}{T} = \int_b^c \dfrac{dU + \delta W}{T} = \int_b^c nC_v \dfrac{dT}{T} + \int_b^c \dfrac{\delta W}{T} \Rightarrow$
$DS_{bc} = nC_v \ln \dfrac{T_c}{T_b} + nR \int_b^c \dfrac{5,137 - 0,2073\ V}{V(5,137 - 0,2073\ V)}\ dV \quad y\ así:$
$DS_{bc} = -2,456\ cal/K$

Ejercicios de Física: 4 Calorimetría y Termodinámica

Proceso : *cd*

$W_{cd}=0$; $DU_{cd}=nC_v(T_d-T_c)$ ⇒ $DU_{cd}=13.024,487\,cal$ así :
$Q_{cd}=DU_{cd}$ ⇒ $Q_{cd}=13.024,487\,cal$ por otro lado :
$DH_{cd}=nC_p(T_d-T_c)$ ⇒ $DH_{cd}=18.234,282\,cal$
$DS_{cd}=\int_c^d \frac{\delta Q}{T}=\int_c^d nC_v \frac{DT}{T}=nC_v \ln\frac{T_d}{T_c}$ ⇒ $DS_{cd}=30,868\,cal/K$

Proceso : *de*

$Q_{de}=0$; $DU_{de}=nC_v(T_e-T_d)$ ⇒ $DU_{de}=-11.176,875\,cal$
$W_{de}=-DU_{de}$ ⇒ $W_{de}=11.176,875\,cal$
$DH_{de}=nC_p(T_e-T_d)$ ⇒ $DH_{de}=-15.647,625\,cal$
Y si $Q_{de}=0$ entonces : $DS_{de}=0$

Proceso : *ea*
Como : $DT=0$ ⇒ $DU_{ea}=0\,y\,DH_{ea}=0$

$W_{ea}=\int_e^a PdV=nRT\ln\frac{V_a}{V_e}$ ⇒ $W_{ea}=-3.490,808\,cal$
$Q_{ea}=W_{ea}$ ⇒ $Q_{ea}=-3.490,808\,cal$ y finalmente :

$DS_{ea}=\int_e^a \frac{\delta Q}{T}=\frac{1}{T}\int_e^a \delta Q=\frac{1}{T}(Q_a-Q_e)=\frac{Q_{ea}}{T}$ ⇒
$DS_{ea}=-13,963\,cal/K$

Y si todo está correcto , entoces : $\sum U=\sum H=\sum S=0$

$\left.\begin{array}{l}\sum H=-1.862,216+14,60+13.024,487-11.176,875\approx 0\\ \sum U=-2.607,103+20,446+18.234,282-15.647,63\approx 0\\ \sum S=-14,455-2,456+30,868-13,963\approx 0\end{array}\right\}$

$Rendimiento=\dfrac{W}{Q_{absorbido}}$ con : $Q_{absorbido}=13.024,487\,cal$ y con :
$W=Q_{absorbido}-Q_{cedido}=13.024,487-(2.607,103+318,078+3.490,808)$ así :

$W=6.608,498\,cal$ y por lo tanto : **Rendimiento=50,73 %**

79

Y el rendimiento de un motor de Carnot, en tales condiciones es:

Rendimiento $' = \dfrac{T_1 - T_2}{T_1}$, siendo T_1 y T_2 las temperaturas extremas, así:

Rendimiento $' = 87,5\%$

Para que el rendimiento sea correcto ha de suceder que:
Rendimiento < Rendimiento '

61: calor intercambiado, proceso reversible

Demostrar que el calor intercambiado en un proceso infinitesimal reversible de un gas perfecto es:

$$\delta Q = \dfrac{C_v}{nR} VdP + \dfrac{C_p}{nR} PdV$$

Donde C_v y C_p son las capacidades caloríficas a **V** y a **P** constantes respectivamente.

SOLUCIÓN:

$\delta Q = dU + \delta W \;\Rightarrow\; \delta Q = C_v dT + PdV$ y como: $PV = nRT \;\Rightarrow\;$

$PdV + VdP = nRdT \;\Rightarrow\; dT = \dfrac{PdV + VdP}{nR}$ y así:

$\delta Q = C_v \dfrac{PdV + VdP}{nR} + PdV = \dfrac{C_v}{nR} VdP + \dfrac{C_p}{nR} PdV$ y por lo tanto:

$$\delta Q = \dfrac{C_v}{nR} VdP + \dfrac{C_p}{nR} PdV$$

62: entropía molar

La entropía del CO_2 a **25ºC** es **51,1 cal/mol.K**. Calcular la entropía molar a **227ºC** si la presión es constante y además:

Ejercicios de Física: 4 Calorimetría y Termodinámica

$$C_p = 6,21 + 10,4*10^{-3}T - 3,5*10^{-6}T^2 \, cal/mol.K$$

SOLUCIÓN:

$$DS = \int_{T_1}^{T_2} \frac{\delta Q}{T} = S - S_o = \int_{T_1}^{T_2} nC_p \frac{dT}{T} \quad y \, así:$$

$$S = 51,1 + \int_{298}^{500} (6,21 + 10,4*10^{-3}T - 3,5*10^{-6}T^2)\frac{dT}{T} =$$

$$= 51,1 + 6,21 \ln\frac{500}{298} + 10,4*10^{-3}(500 - 298) + 3,5*10^{-6}(298^2 - 500^2) \Rightarrow$$

$$S = 56,14 \, cal/mol.K$$

63: variación de entropía en una mezcla

Si se mezclan **m** gramos de agua a **50ºC** con **"2m" gramos** a **20ºC** Calcular la variación de entropía del sistema cuando se haya alcanzado el equilibrio.

SOLUCIÓN:

Como $Q_{absorbido} = Q_{cedido}$ $\Rightarrow$ $1m(50 - T_f) = 2m(T_f - 20)$ $\Rightarrow$ $T_f = 30ºC \Rightarrow$
Así la variación de entropía de m será:

$$DS_1 = \int_{T_i}^{T_f} m\frac{DT}{T} = \int_{323}^{303} m\frac{DT}{T} = m\ln\frac{303}{323} \Rightarrow DS_1 = -0,064 \, mcal/K \quad y \, como$$

la variación de entropía para 2m es:

$$DS_2 = \int_{T_i}^{T_f} 2m\frac{dT}{T} = \int_{323}^{303} 2m\frac{dT}{T} = 0,067 \, mcal/K \quad y\,como: \quad DS = DS_1 + DS_2:$$

$$DS = 3*10^{-3} \, mcal/k$$

64: calor cedido y trabajo realizado

Una máquina térmica funciona según un ciclo con un rendimiento del **75%** del máximo. Extrae **1.200cal** de un foco a **227ºC** y lo cede a un foco a **27ºC**

Calcular el calor cedido y el trabajo realizado.

SOLUCIÓN:

El rendimiento máximo será cuando el ciclo corresponda a un Motor de Carnot, con lo que tendremos:

$$Rendimiento_{max} = \frac{T_1 - T_2}{T_1} = \frac{500 - 300}{500} = 40\% \quad \text{y por lo tanto el rendimiento es:}$$

$$Rendimiento = 0,4 * 0,75 = 0,3 = \frac{W}{1.200} \Rightarrow W = 360 cal \quad y\,como:$$

$$Q_2 - Q_1 = W \quad con: \quad Q_1 = 1.200 \Rightarrow Q_2 = 840 cal$$

65: variación positiva entropía del Universo

Una masa **m** de agua a temperatura T_1 se mezcla con otra cantidad igual a temperatura T_2 en un recipiente térmicamente aislado y a presión constante.

Calcular la variación de entropía del Universo y demostrar que es positiva.

SOLUCIÓN:

Si: $T_1 > T_2$ entonces:

$$\left.\begin{array}{l} Q_{cedido} = calor\,cedido \Rightarrow Q_{cedido} = mc(T_1 - T_f) \\ Q_{ganado} = calor\,ganado \Rightarrow Q_{ganado} = mc(T_f - T_2) \\ Q_{cedido} = Q_{ganado} \end{array}\right\} \Rightarrow$$

$$mT_1 - mT_f = mT_f - mT_2 \Rightarrow 2T_f = T_1 + T_2 \Rightarrow T_f = \frac{T_1 + T_2}{2} \quad y\,así:$$

$$DS_{universo} = DS_{sistema} + DS_{alrededores} \quad y\,como\,el\,sistema\,está\,aislado:$$

$$DS_{alrededores} = 0 \Rightarrow DS_{universo} = DS_{sistema} = DS_1 + DS_2 \quad donde:$$

Ejercicios de Física: 4 Calorimetría y Termodinámica

$\left.\begin{array}{l}DS_1 = \text{variación de entropía de m para pasar de } T_1 a T_f \\ DS_2 = \text{variación de entropía de m para pasar de } T_2 a T_f\end{array}\right\} \Rightarrow$

$\left.\begin{array}{l}DS_1 = \int_{T_1}^{\frac{T_1+T_2}{2}} mC_p \frac{dT}{T} = mC_p \ln \frac{T_1+T_2}{2T_1} \\ DS_2 = \int_{T_2}^{\frac{T_1+T_2}{2}} mC_p \frac{dT}{T} = mC_p \ln \frac{T_1+T_2}{2T_2}\end{array}\right\} \Rightarrow$

$DS_{sistema} = mC_p \ln\left(\left(\frac{T_1+T_2}{2}\right)^2 \frac{1}{T_1 T_2}\right) = mC_p \ln\left(\left(\frac{T_1+T_2}{2}\right)^2 \left(\sqrt{T_1 T_2}\right)^{-2}\right) \Rightarrow$

$DS_{universo} = 2mC_p \ln\left(\frac{T_1+T_2}{2\sqrt{T_1 T_2}}\right)$ y como: $\frac{T_1+T_2}{2} > \sqrt{T_1 T_2} \Rightarrow$

$\ln\left(\frac{T_1+T_2}{2\sqrt{T_1 T_2}}\right) > 0 \Rightarrow DS_{universo} > 0$

66: máquina frigorífica con gas ideal

Una máquina frigorífica funciona con un gas ideal biatómico el cual se encuentra inicialmente a **227ºC** y **5atm** ocupando **3.700l**.

Si se somete a los siguiente procesos:

a) Expansión isobárica hasta duplicar el volumen.

b) Comprensión adiabática hasta duplicar su presión.

c) Enfriamiento a presión constante hasta la temperatura inicial.

d) Expansión isotérmica hasta la presión inicial.

e) Determinar la eficacia y representar el ciclo en un diagrama **P-V**

SOLUCIÓN:

83

Punto	1	2	3	4
P(atm)	5	5	10	10
V(l)	3.700	7.400	**4.510**	1.850
T(K)	500	1.000	**1.219**	500

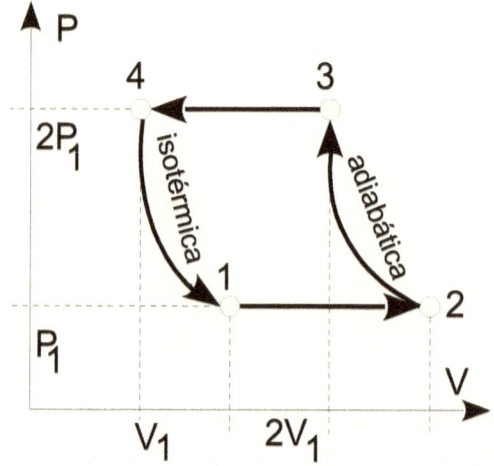

Los valores desconocidos se calculan de la siguiente manera:

$P_2 V_2^{\gamma} = P_3 V_3^{\gamma}$ ⇒ $5*7.400^{1,4} = 10 V_3^{1,4}$ ⇒ $V_3 = 4.510 l$ y:

$\dfrac{P_3 V_3}{P_4 V_4} = \dfrac{T_3}{T_4}$ y como: $P_3 = P_4$ ⇒ $T_3 = V_3 T_4 V_4$ ⇒ $T_3 = 1.219 K$

$e = \dfrac{Q_2}{Q_1 - Q_2}$ donde: Q_2 = calor absorbido y Q_1 = calor cedido (+ y -)

$Q_{1,2} = n C_p dT$ con: $n = \dfrac{P_1 V_1}{R T_1} = 450 \text{mol}$ y de esta manera:

$Q_{1,2} = 450 * \dfrac{7}{2} R (1.000 - 500) = 1,58 * 10^6 cal$

$Q_{2,3} = 0$; $Q_{3,4} = n C_p dT = 450 * \dfrac{7}{2} R (500 - 1.219) = -2,26 * 10^6 cal$

Ejercicios de Física: 4 Calorimetría y Termodinámica

$$Q_{4,1}=W_{4,1}=nRT\ln\frac{V_1}{V_4}=450*2*500\ln\frac{3.700}{1.850}=0,32*10^6\,cal$$

$Q_1=|-2,26*10^6\,cal|$ y: $Q_2=Q_{1,2}+Q_{4,1}=1,58*10^6+0,32*10^6$ y así:

$$e=\frac{1,90*10^6}{2,26*10^6-1,90*10^6} \Rightarrow e=5,27$$

67: variables fundamentales en gas perfecto

1 mol de un gas perfecto se expansiona isotérmicamente a *27ºC* desde un volumen inicial de *2l* hasta uno final de *8l* Calcular la variación de energía interna, entalpía y entropía sabiendo que **R=2cal/mol.K**

SOLUCIÓN:

Si la temperatura permanece constante, entonces: $DU=0=DH$

$$DS=\int_1^2\frac{\delta Q}{T}=\frac{1}{T_1}\int_1^2\delta Q=\frac{Q_{1,2}}{T_1} \quad \text{y como sucede que:}$$

$$Q_{1,2}=W_{1,2}=\int_1^2 PdV=nRT_1\ln\frac{V_2}{V_1} \Rightarrow DS=nR\ln\frac{V_2}{V_1} \Rightarrow$$

$$DS=2,76\,cal/K$$

68: fórmula de energía interna

La energía interna de un gas ideal viene expresada por la siguiente fórmula: $U=R(a-T)-a\ln(a-T)$ donde **R** es la constante universal de los gases y **a** una constante.

Calcular: C_p; C_v y γ

SOLUCIÓN:

$dU=C_v dT \Rightarrow C_v=\frac{dU}{dT}=-R+\frac{a}{a-T}$ y como: $C_p-C_v=R \Rightarrow$

$C_p=\frac{a}{a-T}$ y $C_v=\frac{a}{a-T}-R$ y como: $\gamma=\frac{C_p}{C_v}$ entonces:

$$\gamma=\frac{a}{a-R(a-T)}$$

69: trabajo, calor y energía interna

2 mol de un gas perfecto monoatómico se expansiona isotérmicamente a **400K** desde una presión inicial de **4atm** hasta otra final de **1atm**

Calcular:

a) El trabajo realizado por el gas en **J**

b) El calor absorbido en **cal**

c) La variación de energía interna en **J**

70: energía interna en una transformación

Determinar la variación de energía interna que experimenta **1mol** de un gas biatómico que evoluciona según la transformación circular de la figura siguiente.

Datos: $P_1 = P_2 = 1 atm;$ $V_1 = 8,2 l$ y $V_2 = 82 l$

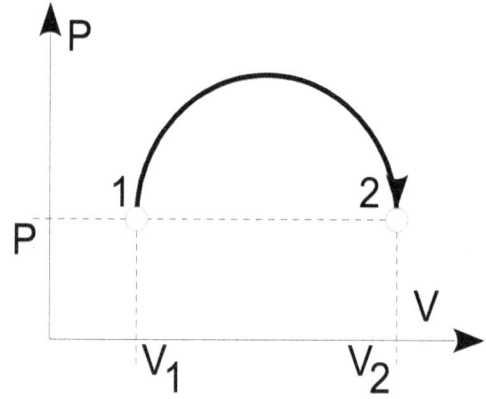

SOLUCIÓN:

$$\left. \begin{aligned} T_1 &= \frac{P_1 V_1}{nR} = \frac{1*8,2}{1*0,082} = 100K \\ T_2 &= \frac{P_2 V_2}{nR} = \frac{1*82}{1*0,082} = 1.000K \end{aligned} \right\} \Rightarrow$$

Y por otra parte tenemos que:

$DU_{1,2}=nC_v(T_2-T_1)=1*5*(1.000-100)=4.500\text{cal}$ *Entonces*:
$DU_{1,2}=4.500cal$

71: incremento de energía total e interna

1mol de un gas ideal realiza las transformaciones dadas en la figura siguiente, donde el proceso **1-2** es llevado a presión constante, el **2-3** a temperatura constate y además:

$C_v=5cal/mol.K$

Calcular:

1) El trabajo y el calor total puesto en juego.

2) ¿Se puede asegurar que el incremento de energía interna total es igual al incremento de energía interna en el proceso **1-2**?.

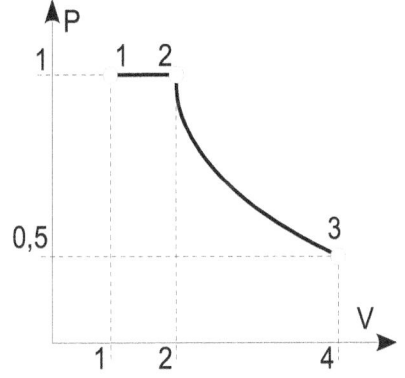

SOLUCIONES:

1)
$Q_T=118,91\,cal$ y $W_T=241,2\,J$

2)
$DU_T=DU_{1,2}+DU_{2,3}$ y: $DU_{2,3}=0$
pues: $T=constante$,   entonces:

$DU_T=DU_{1,2}$

72: potencia de compresión

Calcular la potencia necesaria para comprimir, hasta una presión de $5kg/cm^2$ un volumen de $10m^3/h$ de aire tomado inicialmente a la presión de **760mm de Hg y 27ºC** en los siguientes casos:

a) Cuando la compresión es isotérmica.

b) Cuando la compresión es adiabática.

Tomar: $\gamma=1,4$ y $1atm=1kg/cm^2$

SOLUCIONES:

a)
$$W=\int_{V_1}^{V_2} PdV = nRT\ln\frac{V_2}{V_1}=P_1V_1\ln\frac{P_1}{P_2}=-16.077 atm.l=-1.626.992,4\,J$$

Y como: $P=\dfrac{W}{t}=\dfrac{1.626.992,4}{3.600}$ ⇒ $P=451,94\,w$

b)
$$W'=\int_{V_1}^{V_2} PdV = PV^\gamma\int_{V_1}^{V_2}\frac{dV}{V^\gamma}=PV^\gamma\frac{V_2^{1-\gamma}-V_1^{1-\gamma}}{1-\gamma}=\frac{P_2V_2-P_1V_1}{1-\gamma} \quad y\,como:$$

$P_1V_1^\gamma=P_2V_2^\gamma$ ⇒ $V_2=V_1(\dfrac{P_1}{P_2})^{\frac{1}{\gamma}}=10^4*(\dfrac{1}{5})^{\frac{1}{1,4}}=3.1301$ $y\,así$:

$W'=\dfrac{5*3.130-10^4}{1-1,4}=-1.429.440J$ $\quad y\,como:\quad P'=\dfrac{W'}{t}$ ⇒

$P'=\dfrac{1.429.440}{3.600}$ ⇒ $P'=397,66\,w$

73: calor y energía interna en un cilindro

Un cilindro térmicamente aislado encierra en su interior **1mol** de gas biatómico a **10ºC** si duplicamos el volumen que ocupa el gas.

Calcular el trabajo realizado en la expansión, el calor intercambiado y la variación de energía interna durante tal proceso.

SOLUCIÓN:

Al estar el cilindro aislado, la transformación es adiabática pues el intercambio de calor entre el cilindro y el exterior es nulo.

Entonces:

$\delta Q = 0$ así: $W = \dfrac{P_2 V_2 - P_1 V_1}{1-\gamma} = nR \dfrac{T_2 - T_1}{1-\gamma}$ (ver anteriores) Y como:

$\gamma = 1,4 \Rightarrow T_2 = 283 * (\dfrac{1}{2})^{0,4} = 215K$ y $W = 8,3 * \dfrac{215 - 283}{0,4} \Rightarrow$

$W = 1.411 J$ donde: $R = 8,3 J/mol.K$ y como:
$\delta Q = 0 \Rightarrow DU = -W \Rightarrow DU = -1.411 J$

74: calor absorbido y cedido en un ciclo

Un cilindro contiene un gas ideal a la presión de **2atm** siendo el volumen **5l** y la temperatura **250K** El gas se calienta, a volumen constante, hasta una presión de **4atm** y a continuación y también a presión constante, hasta una temperatura de **650K**

Calcular el calor absorbido por el gas durante tales procesos.

Después el gas se enfría a volumen constante hasta recuperar su presión inicial y luego, a presión constante, hasta volver al estado inicial.

Calcular el calor cedido durante el ciclo.

Datos: $C_v = 21 J/mol.K$; $R = 0,082 atm.l/mol.K = 8,3 J/mol.K$

SOLUCIONES:

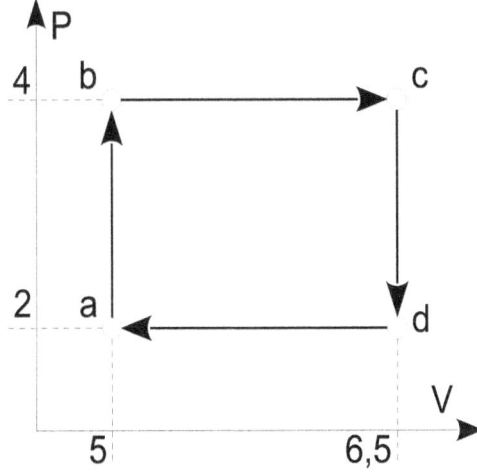

$$T_b = T_a \frac{P_b}{P_a} = 250 * \frac{4}{2} = 500\text{K}$$

$$V_c = V_b \frac{T_c}{T_b} = 5 * \frac{650}{500} = 6,5\, l$$

Proceso: a−b

$$Q_{ab} = nC_v(T_b - T_a) = \frac{P_a V_a}{T_a R} C_v(T_b - T_a)$$

$$Q_{ab} = \frac{10*21}{20,5} * (500-250) = 2.561\text{J} \quad así:$$

$$\boldsymbol{Q_{ab} = 614,64\, cal}$$

Proceso: b−c

$$Q_{bc} = nC_b(T_c - T_b) = \frac{10*29,3*(650-500)}{20,5} \Rightarrow \boldsymbol{Q_{bc} = 514,56\, cal}$$

Y por otro lado: $\quad T_d = T_c \dfrac{P_d}{P_c} = 325\text{K}$

Proceso: c−d

$$Q_{cd} = nC_v(T_d - T_c) = \frac{10*21*(325-650)}{20,5} \Rightarrow \boldsymbol{Q_{cd} = -798,9\, cal}$$

Proceso: d−a

$$Q_{da} = nC_p(T_a - T_c) = \frac{10*29,3*(250-325)}{20,5} = -1.072\text{J} \Rightarrow \boldsymbol{Q_{da} = -247,28\, cal}$$

Como el calor cedido es (según el convenio de signos ya visto) negativo, entonces:

$$Q_{Cedido\,Total} = Q_{CT} = -798,96 + (-257,28) \Rightarrow \boldsymbol{Q_{CT} = -1.056,24\, cal}$$

75: procesos cuasi estáticos

Un gas ideal pasa del estado **P=100** y **V=1** al estado **P=4** y **V=5** por dos procesos a y b cuasi estáticos.

El proceso **a** se define por la ecuación:

$P=\dfrac{100}{V^2}$ y el proceso **b** por: **P=124–24V**

1) Representar ambos procesos en un diagrama **P-V**
2) ¿Cual es el trabajo por mol dado en cada proceso?.
3) Calcular la variación de entropía para cada proceso.

SOLUCIONES:

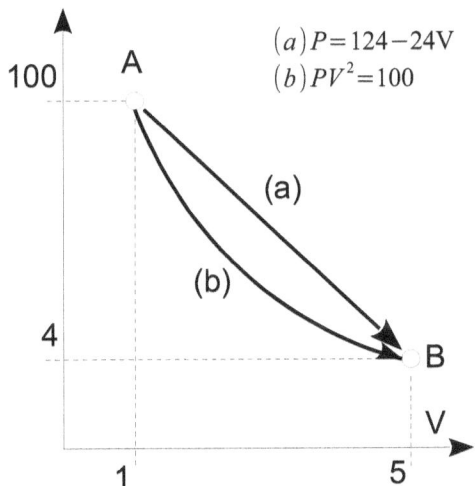

Proceso (*a*):

$W_{(a)} = \int P dV = 100 \int_{1}^{5} \dfrac{dV}{V^2} \;\Rightarrow\; W_{(a)} = 80J$

Proceso (*b*):

$W_{(b)} = \int P dV = \int_{1}^{5} (124 - 24V) dV =$

$= (124V - 12V^2)\Big|_{1}^{5} \;\Rightarrow\; W_{(b)} = 208J$

El proceso (a) es adiabático y por lo tanto **DS=0**, y como DS no depende del camino a seguir, entonces: $DS_{(a)}=DS_{(b)}=0$

76: calor molar y rendimiento

$1mol$ de un gas perfecto cuyo calor molar a volumen constante es $C_v=5cal/mol.K$ describe un ciclo de Carnot, cuyo rendimiento es **0,5**

Sabiendo que la expansión adiabática realiza un trabajo de **854kg.m**

Calcular:

1) La temperatura de los focos.
2) La relación numérica entre los volúmenes ocupados por el gas al comenzar y al finalizar la expansión adiabática.

Usar **J=427kg.m/kcal**

SOLUCIONES:

Al ser el proceso adiabático, entonces: $Q=0$ *y así tenemos:*
$-W=DU=nC_v(T_2-T_1)=-854\text{kg.m}=-2.000\text{cal}$

1) $T_1-T_2=\dfrac{2.000}{nC_v}=\dfrac{2.000}{5}=400 \Rightarrow$ Rendimiento$=\dfrac{T_1-T_2}{T_1}=0,5 \Rightarrow$

$T_1=\dfrac{400}{0,5} \Rightarrow \boldsymbol{T_1=800K}$ y $\boldsymbol{T_2=400K}$

2) $T_1V_1^{\gamma-1}=T_2V_2^{\gamma-1} \Rightarrow \left(\dfrac{V_1}{V_2}\right)^{\gamma-1}=\dfrac{T_2}{T_1}$ y como además:

$\gamma=\dfrac{C_p}{C_v}=\dfrac{C_v+R}{C_v}=\dfrac{7}{5} \Rightarrow \left(\dfrac{V_1}{V_2}\right)^{\frac{7}{5}-1}=\dfrac{T_2}{T_1}=0,5 \Rightarrow \left(\dfrac{V_1}{V_2}\right)^{\frac{2}{5}}=2 \Rightarrow$

$\dfrac{V_1}{V_2}=\dfrac{\sqrt{2}}{8}$

Ejercicios de Física: 4 Calorimetría y Termodinámica

77: transformaciones en un gas ideal

1mol de gas ideal monoatómico sigue un ciclo reversible representado en el diagrama siguiente.

Las transformaciones están regidas por las ecuaciones: **P=124-24V** y **PV=20**, donde **P** y **V** se miden en Nw/m^2 y m^3 respectivamente.

Calcular:

a) El trabajo desarrollado.

b) La variación de energía interna en proceso **A-B**

c) La variación de entropía en el proceso **A-B**

d) El rendimiento del ciclo.

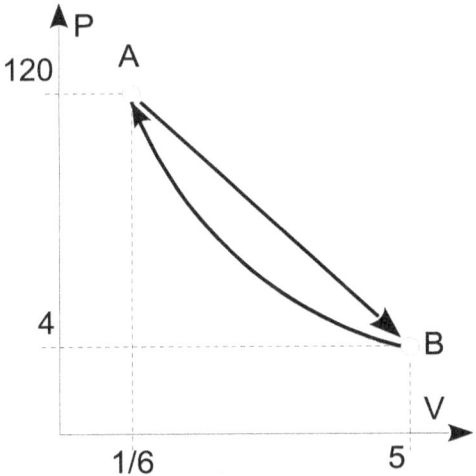

SOLUCIONES:

Las coordenadas de los puntos A y B son las soluciones del sistema:

a) $\left. \begin{array}{l} P=124-24V \\ PV=20 \end{array} \right\} \Rightarrow$

$P_A = 120 \text{Nw}/m^2$; $V_A = \dfrac{1}{6} m^3$ y:

$P_B = 4 \text{Nw}/m^2$; $V_B = 5 m^3$ *entonces:*

$$W_{A,B} = \int PdV = \int_{1/6}^{5} (124 - 24V)\,dV = (124V - 12V^2)\Big|_{1/6}^{5} \Rightarrow$$

$$W_{A,B} = 299{,}6\,J \quad y\,por\,otro\,lado:$$

$$W_{B,A} = \int PdV = 20\int_{5}^{1/6} \frac{dV}{V} = 20(\ln V)\Big|_{5}^{1/6} \Rightarrow W_{B,A} = -67{,}94\,J$$

b) La transformación $PV = 20 =$ constante es isotérmica, así: $T =$ constante
entonces: $dT = 0 \Rightarrow DU = 0$

c) $DS = \int \delta Q = \dfrac{1}{T}\int_{B}^{A} \delta Q = \dfrac{Q_{B,A}}{T} = \dfrac{W_{B,A}}{T} = \dfrac{-67{,}94 * 0{,}24}{(20/8{,}3)} \Rightarrow$

$\Rightarrow DS = -6{,}76\,cal/K$

d) $Rendimiento = \dfrac{W}{Q} = \dfrac{299{,}6 - 67{,}94}{299{,}6} \Rightarrow Rendimiento = 77\,\%$

78: temperatura y potencia máquina térmica

El ciclo de una máquina térmica equivale a un Motor de Carnot reversible en el que la temperatura del refrigerante es de **27ºC** el rendimiento **0,6** y el calor que se cede al foco frío es de **20kcal** en cada minuto.

Calcular:

1) La temperatura de la caldera.

2) La potencia de la máquina en **CV**

SOLUCIONES:

1) **T=750K**

2) **P=2,85CV**

79: P,V,T en transformaciones de un gas

$1mol$ de un gas diatómico se encuentra a **300K** ocupando un volumen de **3l** Se expansiona isotérmicamente hasta que el volumen es el doble, a continuación se le enfría isobáricamente hasta un cierto estado, a partir del cual sigue un proceso adiabático, que le vuelve a la posición inicial.

Calcular:

a) El valor de las variables **P**, **V** y **T** en los estados **2** y **3**

b) El intercambio de calor y el trabajo en cada proceso del ciclo, interpretando físicamente su signo.

c) El rendimiento del ciclo.

d) La variación de energía interna experimentada por el sistema al recorrer el ciclo completo.

SOLUCIONES:

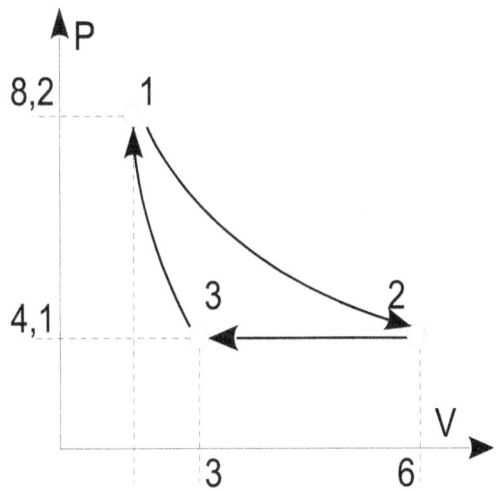

$$P_1 = \frac{RT}{V_1} = 0{,}082 * \frac{300}{3} \quad \Rightarrow \quad \boldsymbol{P_1 = 8{,}2\ atm}$$

La transformación 1,2 es isotérmica y así:

a)
$\boldsymbol{T_2 = 300K}$ *y como*:

$V_2 = 2V_1 \quad \Rightarrow \quad \boldsymbol{V_2 = 6l}$ *y por otro lado*:

$P_2 = P_1 \dfrac{V_1}{V_2} \quad \Rightarrow \quad \boldsymbol{P_2 = 4{,}1\ atm}$

El proceso 2,3 es isobárico, entonces: $P_3 = P_2 \Rightarrow \boldsymbol{P_3 = 4{,}1\ atm}$

$\gamma = 1{,}4$ *y como el proceso 3,1 es adiabático, entonces*: $P_1 V_1^{1,4} = P_3 V_3^{1,4} \Rightarrow$

$$V_3 = V_1 \left(\frac{P_1}{P_3}\right)^{1/1,4} \quad \Rightarrow \quad \boldsymbol{V_3 = 4{,}91\ l} \quad \text{y finalmente, como:}$$

$$T_3 = T_2 \frac{V_3}{V_2} = 300 * \frac{4{,}9}{6} \quad \Rightarrow \quad \boldsymbol{T_3 = 243K}$$

$$W_{1,2} = nRT \ln \frac{V_2}{V_1} = 8{,}31 * 300 \ln \frac{6}{3} \quad \Rightarrow \quad \boldsymbol{W_{1,2} = 1.720{,}17\ J}\ (\boldsymbol{exterior})$$

$Q_{1,2} = W_{1,2} \Rightarrow \boldsymbol{Q_{1,2} = 1.720{,}17\ J}$ (*el trabajo ha sido obtenido a partir del calor suministrado*)

b)
$$W_{2,3} = P(V_3 - V_2) = 4{,}1 * (4{,}88 - 6) = -4{,}67\ atm.l \quad \Rightarrow \quad \boldsymbol{W_{2,3} = -473{,}47\ J}$$

$$Q_{2,3} = nC_p(T_3 - T_2) = 1 * \frac{7}{2} R(243 - 300) \quad \Rightarrow \quad \boldsymbol{Q_{2,3} = -399\ cal}\,(\textit{cedido})$$

$\boldsymbol{W_{3,1} = -1.182{,}69\ J}$ *y* $\boldsymbol{Q_{3,1} = 0}$ (*proceso adiabático*)

c)
$Rendimiento = \dfrac{W}{Q} = \dfrac{1.720{,}17 - 473{,}47 - 1.183{,}69}{1.720{,}17}$ *y así*:

$\boldsymbol{Rendimiento = 3{,}7\ \%}$

d) La variación de energía interna total es 0 pues es un ciclo que parte de un punto para llegar al mismo punto y por lo tanto la energía interna es una función de estado, así:

$DU = U_x - U_x = 0 \Rightarrow DU = 0$

80: trabajo, energía interna y rendimiento

$2mol$ de un gas ideal ($C_v = \dfrac{5}{2}R$) inicialmente en condiciones normales, se somete a los siguientes procesos:

1. Calentamiento a volumen constante hasta duplicar la presión.
2. Expansión adiabática hasta la temperatura inicial.
3. Compresión isotérmica hasta la temperatura inicial.
4. Compresión isotérmica hasta las condiciones iniciales.

Si los procesos son cuasi estáticos, también se pide:

a) Representar en unos diagramas **P–V** y **P–T** estos procesos.
b) Calcular el trabajo desarrollado en los mismos.
c) Idem para la energía interna.
d) Calcular el rendimiento térmico de una máquina que funcione según tal ciclo.
e) Calcular la variación de entropía del medio en cada uno de los procesos. ¿Modificó el medio su entropía desde el comienzo del primer proceso hasta llegar al estado final?.

81: trabajo y calor en un Motor de Carnot

Un Motor de Carnot funciona con un gas ideal entre **27ºC** y **127ºC** Absorbe $3*10^5 cal$ del foco a mayor temperatura.

¿Cuánto trabajo por ciclo produce este motor?.
¿Qué cantidad de calor cede al foco frío?

82: variables termodinámicas por estados

2 moles de un gas ideal, a la temperatura de **27ºC** y a la presión de **5atm** se calientan a volumen constante hasta duplicar la presión. A continuación se enfrían adiabáticamente hasta la temperatura inicial, y por compresión isotérmica se alcanza el estado inicial.

Si $C_v = \dfrac{5}{2} R$ calcular:

1) Las variables termodinámicas en cada estado.
2) La variación de energía interna y el trabajo para cada proceso.
3) El rendimiento del ciclo.

83: variación de entropía del Universo

Un objeto metálico de capacidad calorífica **500J/K** está a la temperatura de **500K**

Se introduce en agua hirviendo hasta que alcanza la temperatura de **100ºC** y luego se deja enfriar en el aire hasta la temperatura de **17ºC**

Calcular la variación de entropía del Universo, suponiendo constantes las temperaturas del agua y del aire.

84: variables termodinámicas complejas

Un sistema constituido por **3mol** de un gas ideal diatómico, inicialmente a **1atm** y **17ºC** es sometido a los siguientes procesos:

Ejercicios de Física: 4 Calorimetría y Termodinámica

1) Se calienta, a volumen constante, hasta duplicar la presión.
2) Se calienta, a presión constante, hasta una temperatura de **387ºC**
3) Sufre una expansión adiabática hasta alcanzar la temperatura inicial.
4) Se comprime isotérmicamente hasta el estado inicial.

Realizar las siguientes tareas:

1) Representar los procesos en un diagrama **P-V**
2) Calcular para cada proceso: El calor intercambiado y el trabajo realizado, las variaciones de energía interna, entalpía y entropía.
3) Calcular el rendimiento térmico de una máquina que funcionase según este ciclo.

85: calor, trabajo, entalpía y entropía

12,2 mol de un gas ideal monoatómico son sometidos a los siguientes procesos: (inicialmente se encuentran a **1atm y 300K**)

1) Proceso a volumen constante hasta triplicar su presión.
2) Proceso a presión constante hasta que su temperatura es de **1.200K**.
3) Proceso lineal hasta que la temperatura es de **750K** y la presión de **1,5atm**.
4) Proceso adiabático hasta alcanzar la temperatura inicial.
5) Proceso isotérmico hasta alcanzar el estado inicial.

Calcular para cada proceso:

1) Calor, trabajo, variación de entalpía y entropía.
2) Rendimiento del ciclo.

Anexos

Ejercicios de Física: 4 Calorimetría y Termodinámica

∗Constantes

$q_e = 1,602 * 10^{-19} C$
$m_e = 9,108 * 10^{-31} kg$
$r_e = 2,8177 * 10^{-11} m$
$m_p = 1,007596 \, uma = 1,6724 * 10^{-27} kg$
$m_n = 1,008982 \, uma = 1,6747 * 10^{-27} kg$
$m_H = 1,008142 \, uma$
$m_\alpha = 6,644 * 10^{-27} kg$
$h = 6,6256 * 10^{-34} J.s = 6,6256 * 10^{-27} Erg.s$
$\bar{h} = 1,0544 * 10^{-34} J.s = 1,0544 * 10^{-27} Erg.s$
$g = 980,665 \, cm.s^{-2}$
$G = 6,673 * 10^{-11} Nw.m^2.kg^{-2}$
$M_T = 5,975 * 10^{24} kg$
$R_T = 6,371 * 10^6 m$
$M_S = 1,99 * 10^{30} kg$
$R_S = 6,95 * 10^8 m$
$K = 8,98 * 10^9 Nw.m^2.C^{-2}$
$R_H = 109.677,6 \, cm^{-1}$
$R_\infty = 109.737,3 \, cm^{-1}$
$R = 0,08208 \, atm.l.mol^{-1}.K^{-1} = 8,3166 * 10^7 Erg.mol^{-1}.K^{-1} =$
$\qquad = 1,987 \, cal.mol^{-1}.K^{-1}$
$c = 2,9979 * 10^8 \, m.s^{-1}$
$N = 6,0222 * 10^{23} \, part.mol^{-1}$
$4\pi e_o = 1,11264 * 10^{-10} C^2.Nw^{-1}.m^{-2}$
$e_o = 8,842 * 10^{-12} C^2.Nw^{-1}.m^{-2} = 8,8542 * 10^{-12} F.m^{-1}$
$F = 96.487 C.eq^{-1}$
$J = 4,185 \, J.cal^{-1}$
$V_N = 22,415 \, l$

$V_N = 22,415\,l$

$k = 1,3806 * 10^{-23}\,J.K^{-1}$

$T_{abs} = -273,15\,°C$

$\dfrac{RT}{F}\ln x = 0,05916\log x\,v$

$\mu_B = 9,2732 * 10^{-21}\,Erg.Gauss^{-1}$

$a_o = 0,52916\,\text{Å} = 5,2916 * 10^{-9}\,cm\quad d_{Hg} = 13,595\,gr.cm^{-3}$

$d_{H_2O} = 0,999972\,gr.cm^{-3}$

$V_{s(a)}^{288K} = 3,408 * 10^2\,m.s^{-1}$

$C_m = 10^{-7}\,Nw.A^{-2}$

$\sigma = 5,670 * 10^{-5}\,Erg.s^{-1}.cm^{-2}.K^{-4} = 5,6697 * 10^{-8}\,w.m^{-2}.K^{-4}$

$\dfrac{N}{V_N} = 2,6869 * 10^{25}\,moléc.m^{-3}$

⊖⊖⊖

Ejercicios de Física: 4 Calorimetría y Termodinámica

*Factores de conversión

$1J = 9,81\, kpm$
$1BTU = 0,252\, kcal$
$1cal = 4,1840\, J = 41,293\, atm.cm^3$
$1kcal.mol^{-1} = 0,043361\, eV$
$1CV - h = 2,7*10^5\, kgm$
$1kw - h = 1,36\, CV - h = 2,24*10^{25}\, eV = 3,6*10^6\, J$
$1eV = 1,6022*10^{-12}\, Erg = 0,16022*10^{-18}\, J.moléc^{-1} = 3,829*10^{-20}\, cal =$
$\qquad = 8,0660*10^3\, cm^{-1}$
$1MeV = 1,6022*10^{-13}\, J$
$1atm.l = 10,323\, kgm = 0,0242\, kcal = 101,323\, J = 6,33*10^{20}\, eV$
$1cm^{-1} = 1,986*10^{-6}\, Erg = 4,747*10^{-24}\, cal = 1,240*10^{-4}\, eV$
$1atm = 1,03328\, kg.cm^{-2} = 1,01325*10^6\, din.cm^{-2} = 14,70\, psi = 760 mmHg$
$1baria = 1din.cm^{-2}$
$1bar = 10^6\, barias$
$1psi = 703 kg.m^{-2}$
$1pascal = 1Nw.m^{-2}$
$1din = 10^{-5}\, Nw$
$1kp = 9,8\, Nw$
$1\,\mathring{A} = 10^{-4}\,\mu = 10^{-10}\, m$
$1\mu = 10^{-6}\, m$
$1año - luz = 9,468*10^{15}\, m$
$1Yard = 0,9144\, m$
$1pie = 12plg = 0,3048\, m$
$1plg = 0,02540\, m$
$1km = 0,6214\, mill$
$1nm = 10^{-9}\, m$
$1CV = 0,735\, kw = 175,72\, cal.s^{-1}$
$1HP = 76,04\, kgm.s^{-1} = 1,0139\, CV = 735w$
$1kw = 1,359\, CV$

$1\text{uma} = 1{,}6597 * 10^{-27}\, kg = 931{,}2\, MeV$
$1\text{UTM} = 9{,}8 * 10^3\, gr$
$1\text{slug} = 14{,}59\, kg$
$1\text{Qm} = 100\text{kg}$
$1\text{uee} = 3{,}333 * 10^{-10}\, C$
$1\text{uep} = 300\text{v}$
$1\mu F = 10^{-6}\, F$
$1\text{nF} = 10^{-9}\, F$
$1\mu\mu F = 10^{-12}\, F = 1\text{pF}$
$1F = 96{,}487\, C.eq^{-1} = 23{,}060\, cal.v^{-1}.eq^{-1}$
$1\text{v.m}^{-1} = 3{,}333 * 10^{-5}\, uee$
$1D = 3{,}33 * 10^{-30}\, C.m$
$1\text{Wb.m}^{-2} = 10^4\, Gauss = 1T$
$1\text{Wb} = 10^8\, Max$
$1\text{Hy} = 1{,}1111 * 10^{-2}\, uee$
$1\text{A.m}^{-1} = 4\pi\, 10^{-3}\, Oersted$
$1\text{kciclo} = 10^3\, Hz$
$1\text{Curie} = 3{,}7 * 10^{10}\, desint.s^{-1}$
$1\text{galón} = 3{,}785\, l$
$1\text{barril} = 119{,}24\, l$
$1\text{pinta} = 5{,}688 * 10^{-4}\, m^3$
$1\text{gr.cm}^{-3} = 102\text{UTM.m}^{-3}$
$1\text{acre} = 0{,}40469\, Hca = 4{,}046{,}9\, m^2$
$1\text{m.s}^{-1} = 3{,}6\, km.h^{-1}$
$1\text{rpm} = 0{,}10472\, rad.s^{-1}$
$1\text{rad} = 57{,}2956\,° = 63{,}662^{G}$
$1° = 1{,}745 * 10^{-2}\, rad$
$1' = 2{,}909 * 10^{-4}\, rad$
$1^{G} = 1{,}571 * 10^{-2}\, rad$

⊖⊙⊖

Ejercicios de Física: 4 Calorimetría y Termodinámica

*Integrales (con +C)

$\int x^n dx = \dfrac{x^{n+1}}{n+1}$

$\int \dfrac{1}{x} dx = \ln|x|$

$\int \sin x\, dx = -\cos x$

$\int \dfrac{1}{\cos^2 x} dx = \tan x$

$\int \cos x\, dx = \sin x$

$\int \dfrac{1}{\sin^2 x} dx = -\cot x$

$\int \tan x\, dx = -\ln|\cos x| = \ln|\sec x|$

$\int \cot x\, dx = \ln|\sin x|$

$\int \sec x\, dx = \ln|\sec x + \tan x| = \ln\left|\tan\left(\dfrac{x}{2} + \dfrac{\pi}{4}\right)\right|$

$\int \operatorname{cosec} x\, dx = \ln|\operatorname{cosec} x - \cotan x| = \ln\left|\tan\dfrac{x}{2}\right|$

$\int \sec^2 x\, dx = \tan x$

$\int \operatorname{cosec}^2 x\, dx = -\cot x$

$\int \sec x \tan x\, dx = \sec x$

$\int \operatorname{cosec} x \cot x\, dx = -\operatorname{cosec} x$

$\int e^x dx = e^x$

$\int a^x dx = a^x \ln|a|$

$\int \dfrac{1}{1+x^2} dx = \arctan x$

$\int \dfrac{1}{x^2 - a^2} dx = \dfrac{1}{2a} \ln\left|\dfrac{x+a}{x-a}\right|$

$\int \dfrac{1}{x^2 + a^2} dx = \dfrac{1}{a} \arctan \dfrac{x}{a}$

$$\int \frac{1}{\sqrt{1-x^2}} dx = \arcsin x$$

$$\int \frac{1}{\sqrt{x^2 \pm a^2}} dx = \ln\left|x + \sqrt{x^2 \pm a^2}\right|$$

$$\int \frac{1}{x\sqrt{a^2 \pm x^2}} dx = \frac{1}{a} \ln\left|\frac{x}{a + \sqrt{a^2 \pm x^2}}\right|$$

$$\int \sqrt{x^2 \pm a^2}\, dx = \frac{x}{2}\sqrt{x^2 \pm a^2} \pm \frac{a^2}{2} \ln\left|x + \sqrt{x^2 \pm a^2}\right|$$

$$\int e^{ax} \sin bx\, dx = \frac{e^{ax} a \sin bx}{a^2 + b^2} - \frac{e^{ax} a \cos bx}{a^2 + b^2}$$

*Relaciones trigonométricas

$\sin(a+b) = \sin a \cos b + sen\, b \cos a$

$\sin(a-b) = \sin a \cos b - \sin b \cos a$

$\cos(a+b) = \cos a \cos b - \sin a \sin b$

$\cos(a-b) = \cos a \cos b + \sin a \sin b$

$\tan(a+b) = \dfrac{\sin(a+b)}{\cos a \cos b}$

$\tan(a-b) = \dfrac{\sin(a-b)}{\cos a \cos b}$

$\cot(a+b) = \dfrac{\cot a \cot b - 1}{\cot b + \cot a}$

$\cot(a-b) = \dfrac{\cot a \cot b + 1}{\cot b - \cot a}$

$\sin 2a = 2 \sin a \cos a = \dfrac{2\tan a}{1 - tag^2 a}$

$\cos 2a = \cos^2 a - \sin^2 a = \dfrac{1 - \tan^2 a}{1 + \tan^2 a}$

$\tan 2a = \dfrac{2 \tan a}{1 - \tan^2 a}$

$\cot 2a = \dfrac{\cot^2 a - 1}{2 \cot a}$

$\sin 3a = 3 \sin a - 4 \sin^3 a$

$\cos 3a = 4 \cos^3 a - 3 \cos a$

$\tan 3a = \dfrac{3 \tan a - \tan 3a}{-3 \tan^2 a + 1}$

$\cot 3a = \dfrac{\cot^3 a - 3 \cot a}{3 \cot^2 a - 1}$

$\sin \dfrac{a}{2} = \pm \sqrt{\dfrac{1 - \cos a}{2}}$

$\cos \dfrac{a}{2} = \pm \sqrt{\dfrac{1 + \cos a}{2}}$

$\tan \dfrac{a}{2} = \pm \sqrt{\dfrac{1 - \cos a}{1 + \cos a}}$

$$\cot\frac{a}{2}=\cot a \pm \sqrt{\cot^2 a + 1}$$

$$\sin a + \sin b = 2\sin\frac{1}{2}(a+b)\cos\frac{1}{2}(a-b)$$

$$\sin a - \sin b = 2\cos\frac{1}{2}(a+b)\sin\frac{1}{2}(a-b)$$

$$\cos a + \cos b = 2\cos\frac{1}{2}(a+b)\cos\frac{1}{2}(a-b)$$

$$\cos a - \cos b = -2\sin\frac{1}{2}(a+b)\sin\frac{1}{2}(a-b)$$

$$\sin a + \cos b = 2\sin\frac{1}{2}(\frac{\pi}{2}+a-b)\cos\frac{1}{2}(a+b-\frac{\pi}{2})$$

$$\sin a - \cos b = 2\cos\frac{1}{2}(\frac{\pi}{2}+a-b)\sin\frac{1}{2}(a+b-\frac{\pi}{2})$$

$$\tan a \pm \tan b = \frac{\sin(a \pm b)}{\cos a \cos b}$$

$$\cot a \pm \cot b = \frac{\sin(b \pm a)}{\sin a \sin b}$$

$$\cot a \pm \tan b = \frac{\cos(a \pm b)}{\sin a \cos b}$$

⊖⊖⊖

Ejercicios de Física: 4 Calorimetría y Termodinámica

*Otros títulos del autor

   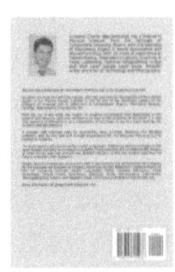

 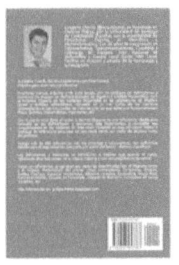  

*Bibliografía recomendada

"Problemas de Física", Felix A. Gonzalez
"Problemas de Física General", L. Nuñez
"Física General", Felix A. Gonzalez
"Problemas de Física", J. García Roger
"Física General y Experimental", Goldenberg
"Pruebas de acceso: Física", F. G. Pérez
"Manual de Fórmulas y Tablas", Murray R. Spiegel
"Cálculo superior", Murray R. Spiegel
"Calor y Termodinámica", Sears-Zemansky
"Introducción a la Física General", USC
"Física", Sears-Zemansky
"Física General", C. W. van der Merwe
"Lectures of Physics", Feymann
"Física", Haliday
"Física", Gaskenhouse
"Mecánica", Fanger
"Problemas de Física", Aguilar y Casanova
"Problemas de Física", Gullan

☻☻☻

*Agradecimientos

Muchas gracias por comprar y especialmente por leer este libro. Mi intención siempre ha sido ayudar y compartir experiencias con otras personas como tú.

Espero que te haya gustado o te haya servido para consolidar conocimientos, superar exámenes o preparar clases, pero sobre todo espero que te haya servido para pasar algún rato entretenido aprendiendo Física.

Te agradezco cualquier sugerencia que quieras comentar, para ello lo puedes indicar en mi blog en:

gregochenlo.blogspot.com

Si te ha gustado el libro, agradezco las cinco estrellas en www.amazon.es que me ayudarán a continuar mejorando mis libros y también a otros lectores a encontrarlo más fácilmente y a conocerlo con más detalle.

Nuevamente muchísimas gracias.

☺☺☺

Gregorio Chenlo Romero (gregochenlo.blogspot.com)

Notas: (v1)

www.ingramcontent.com/pod-product-compliance
Lightning Source LLC
Chambersburg PA
CBHW020441220526
45464CB00002B/807